断 瘾

银子 ———— 著

图书在版编目（CIP）数据

断瘾 / 银子著. -- 北京：中信出版社，2020.1（2020.3重印）
ISBN 978-7-5217-1084-7

Ⅰ.①断… Ⅱ.①银… Ⅲ.①心理学—通俗读物
Ⅳ.① B84-49

中国版本图书馆 CIP 数据核字 (2019) 第 210414 号

断瘾

著　者：银子
出版发行：中信出版集团股份有限公司
　　　　　（北京市朝阳区惠新东街甲 4 号富盛大厦 2 座　邮编　100029）
承　印　者：北京诚信伟业印刷有限公司

开　本：880mm×1230mm　1/32　印　张：11　字　数：195 千字
版　次：2020 年 1 月第 1 版　　　印　次：2020 年 3 月第 2 次印刷
广告经营许可证：京朝工商广字第 8087 号
书　号：ISBN 978-7-5217-1084-7
定　价：58.00 元

版权所有·侵权必究
如有印刷、装订问题，本公司负责调换。
服务热线：400-600-8099
投稿邮箱：author@citicpub.com

目录 CONTENTS

推荐序 1 / XIII
推荐序 2 / XV
前　言 / XVII

第一章　被遗忘的角落

独自成长的小海龟 / 002
自我陶醉 / 006
真实的渴望 / 011
过度冷漠的父母 / 014

⊙父母过度专注于夫妻间的情感，长期疏忽与孩子情感的培养
⊙漠视孩子，无法提供照顾与陪伴孩子所需要的时间、精力和注意力
⊙隔代教养，将抚育任务更多地转交给长辈

第二章 我本善良

破坏的冲动 / 028

天性？教养？ / 030

拉开治疗序幕 / 033

黑暗中的"曙光" / 037

唤醒理智 / 042

明天会更好 / 047

⊙父母对孩子谩骂、殴打和凌辱,并制定太多的家庭规则

⊙压抑孩子情感的自然流露

⊙母亲在孩子犯错后,以故意疏离孩子的方式来表达自己的情绪

⊙父母间经常性的争吵、暴力和攻击

⊙父亲性情善变,母亲支配家庭,缺乏人情味

第三章 沉入边缘哲学

治疗伊始 / 055

对精神世界的陶醉 / 057

对奇幻的痴迷 / 060

不能肯定的自我 / 063

对禁忌的欣赏 / 067

规则的力量 / 070

父子间的征服与被征服 / 072

⊙ 父母教养方式极度不一致，甚至彼此矛盾

⊙ 母亲及祖父母的溺爱

⊙ 父母对待孩子不真诚和不守信用

⊙ 父亲崇尚严厉的家长制，实施身体及语言暴力，从不表扬和认同孩子，在孩子面前示强

第四章 受伤的童真

歇斯底里的哭泣 / 084

我不想长大 / 088

敏感脆弱的神经 / 093

对人的恨意 / 097

爆发 / 100

离异家长的责任 / 102

寻找失落的太阳 / 104

⊙父母离异对孩子造成的被遗弃感

⊙受他人歧视和排挤的人际氛围

⊙学校对孩子异常行为不适宜的应对

⊙父母离异前家庭氛围的紧张；专注于情感困扰的父母对孩子的忽略，并时常交由长辈承担养育责任

⊙母亲对父亲的过多非议，使孩子陷入矛盾和自责

⊙父亲负面的行为影响、父爱的长期缺席，以及父亲离异后对孩子补偿式的爱

⊙母亲与孩子间的过度的情感依赖使孩子的心理发展滞后甚至倒退

第五章 且待逍遥游

谎言 / 113

变淡的笑容 / 117

学习 = 永远拿第一？ / 119

享乐 = 放纵？ / 122

父子连心 / 127

反者，道之动 / 130

⊙完美主义的母亲，过度表现自我的优秀，贬低孩子

⊙母亲过于理性，无法满足孩子即时的情感需求

⊙父亲的冷漠、疏离，对孩子的态度前后不一致

⊙父母关系紧张，缺少爱的表达，家庭气氛沉重压抑

⊙孩子早期未能得到父母的关爱

第六章 贫穷的烙印

"我要发财!" / 140

偏执 / 144

信任 / 145

自我效能 / 150

去除烙印 / 152

悲凉的父亲 / 155

超越自卑 / 158

⊙父亲对孩子经常性的语言攻击和身体攻击
⊙父母不断将孩子与他的哥哥进行比较,并进行过多的贬低和责备
⊙父母将自己对生活的痛苦感受传递给孩子,并且对孩子寄予过高的期望
⊙家庭不健康的生活方式和生活态度

第七章 超越"占有"

被宠溺的孩子 / 168

权威之下 / 171

鼓励依赖 / 175

父爱缺失 / 179

过渡性客体 / 183

贫瘠的灵魂 / 186

不能坚持的脚步 / 188

⊙工作狂的父亲，因过度沉溺工作导致对家庭造成伤害，以及孩子父爱的缺失

⊙母亲的强势保护，抢夺孩子应负的责任；限制孩子与同辈的交往；强化孩子的依赖来证明其个人的价值

⊙过度重视物质占有，通过依附物质来寻找安全感，不利孩子价值观与人生观的形成

⊙父亲的自恋以及对孩子无意的轻视，打击了孩子的自尊和自信

第八章 寻觅光荣与梦想

诱惑 / 198

好奇心 / 201

刻苦的狂欢 / 203

精心构建的镜像 / 207

昔日重来 / 212

游离的母爱 / 215

⊙父母过度看重自己的面子，不能接受孩子学习成绩有起伏
⊙忽略孩子的心智需要及个性培养
⊙母亲对孩子态度有强烈的变化和反差
⊙入学早期校方对孩子进行了过度的关注

第九章 恋母情结

乖巧的掩饰 / 225

控制和成就 / 227

俄狄浦斯情结 / 230

对学习的恐惧 / 234

依赖和成长 / 239

母子之间 / 242

父子之间 / 244

⊙ 情感角色的错位和颠倒,心智不成熟的母亲从孩子处汲取爱,孩子在某种程度上承担着父亲的角色

⊙ 父亲居高临下的亲子态度、狭隘的亲子内容(等到出现问题时才质询孩子);孩子成长中父爱缺席

⊙ 孩子遇事时,父母没有引导孩子如何解决困难,并且剥夺了孩子独立处理问题的机会

⊙ 父母情感关系的淡漠

第十章 隐藏的愤怒

介入 / 250
隐藏的愤怒 / 255
雪上加霜 / 257
江湖武侠梦 / 260
身心互动 / 263
不再回避 / 266

⊙充满敌意的家庭氛围
⊙孩子在学校遭受了言语虐待,被同学和老师排挤和歧视
⊙父亲木讷呆板,情感表达存在障碍;孩子成长中父爱缺席
⊙母亲对孩子实施的身体及语言暴力

第十一章 走下圣坛的母性

理想客体 / 276

圣母？巫婆？ / 278

病态共生的依恋 / 283

创伤重现 / 288

强化自我的体验 / 294

呼唤母亲原型 / 297

⊙ 父母的病态人格
⊙ 父爱缺失，对女儿持有的疏离和放弃的态度
⊙ 母亲的强烈控制欲，以所谓的"自我牺牲"的精神来加深孩子对依赖关系的沉溺；渴望通过孩子实现自我
⊙ 父母之间缺乏情感

第十二章 存在的虚空

丧失 / 306

母性意识 / 309

情感的转移 / 312

从依赖到控制 / 314

虚无 / 318

沮丧 / 321

感恩 / 324

⊙家庭不健康的生活方式,空洞的人生观,不一致的价值观

⊙母亲低层次的母性意识,只关注自身的需要、兴趣和情感

⊙父母对儿子的过度偏爱

⊙生活氛围的拜金主义

推荐序 1

互联网的出现极大地方便了人类生活，也在人们眼前呈现了一个异彩纷呈的新世界。不同的人使用网络的目的不尽相同，正像以前有人沉溺于其他成瘾的活动一样，网络也会让人着迷。当前，青少年网络成瘾问题引起了社会的高度关注。作为一名心理学工作者，我曾经主持和参与过针对网络成瘾青少年的研究和心理援助工作。我发现，网络成瘾的原因是多方面的，其中家庭是关键因素。本书的主题和内容表明：如果网络成瘾青少年能够走出家庭给予的错爱，他就会在和煦的阳光下重新拥有健康和快乐。

本书展现了多个网瘾案例，内容丰富、结构新颖，真实记录了每个网瘾青少年的成长、变化，以及与父母的互动过程。首先，作者采取夹叙夹议的方式，运用各种心理学观点，对个案的特殊经历所带来的负面影响进行解释与说明，有理有据，发人深省！其次，作者在文中穿插了富有成效的治疗片段，向读者传递了心理医生与网瘾青少年之间的相互信任、尊重、理解的关系，而正是这种关系才使得他们感受到了未曾体验到的人间真情。整本书虽然呈现了网瘾青少年不同的家庭背景和成长道路，但自始至终表达了两种共同的鲜明态度：一种态度是对网瘾青少年深深的、发自内心的理解。作者通过对他们内心世界细致入微的刻画，表达出他们对爱、真情、理解和自由的渴望和呼唤。另一种态度则是对网瘾青少年父母客观、理智的分析与评判。作者力图让他们能够意识到，正是父母的不健全人格和不良养育方式，才使孩子掉进了网瘾的深渊。总之，该书反映出新时代下的新问题对父母教养和教育方式的冲击和考验。作为孩子的监护人和教育者，父母只有尽快转变观念，与孩子建立起相互理解、平等交流的关系，才能让孩子找回失去的自我，树立人生的目标，拥抱真实的生活！

本书显示了作者的专业水平和实践精神，内容通俗、生动，文字优美、形象，可读性强。书中有理论、有实践，既可以帮助父母理解孩子，又可以帮助专业工作者开展辅导工作，值得所有关心青少年健康成长的人一读。

杨凤池
首都医科大学心理学教授

推荐序 2

互联网在中国的快速发展和广泛应用令世人瞩目，根据中国青少年网络协会和其他权威机构报告显示，24 岁及其以下的青少年中，具有网络成瘾综合征和严重网络成瘾倾向的人数高达 10 000 000。这些状况都表明青少年沉迷网络已成为日益突出的心理问题、家庭问题和社会问题。

这一切，需要全民的关注和参与！

北京军区总医院青少年心理成长基地以"挽救孩子、造福家庭、构建和谐社会"为宗旨，集医学、心理学、教育、军事训练为一体，并积极开展国内外广泛的交流与合作，为全国 17% 有心理障碍的青少年提供专业的身心矫治服务，帮助青少年健康成长。通过全体工作人员两年的努力和社会各方的支持，在心理、教育、医学等各方面都取得了显著的成效，获得了家长和社会各界的广泛好评。

这本书是两年来基地综合心理治疗实践的浓缩和结晶，是对网络成瘾实施综合干预具有突破意义的工具书，也是家长和教育工作者走进孩子心灵、解读孩子成长、帮助孩子成人成才不可多得的指导书。

本书以生动的案例切入，以场景式的角度展示个案发展过程，避开了寻常的说教和繁复的叙述，系统全面地展示了网络成瘾的个体因素、家庭环境及学校环境因素，恰如其分地凸现心理综合治疗的原则、方式及手段。

特别值得一提的是，本书作者银子是该成瘾医学中心的心理专家，她一直从事这方面心理治疗的临床工作，她所在的北京军区总医院成瘾医学中心的工作得到了各方面的赞许，并得到了海内外各方同仁及媒体的关注。对此，我深表敬佩！

作为一名心理学工作者，我非常高兴有这样的书籍问世。这本书将以生动鲜明、深入浅出、淡雅优美的文字与广大读者进行真实的对话，让我们一起分享心理治疗的困惑、喜悦，并且共同成长。

相信这本书也会给你带来许多的思考和收获！

岳晓东

哈佛大学心理学博士、知名心理学家

前言

无论是心理疾病还是生理疾病，病症本身是有内在诉求的。疾病的诱因，部分来自外界对患者的影响，但更多地来自患者对待世界的方式，来自他看待自己的方式。而这些思维方式的来源，更多地受生活中重要人物的情感左右，尤其是儿童，他通过与至亲的关系和这个世界建立联系。

心理疾病是由于人断开了自己与世界、与社会、与自然、与他人、与自己的联系而产生的，诸如自闭、社交恐惧、抑郁、焦虑、强迫等。患者从各种关系中退缩后，无处安放心灵，六神无主、魂不守舍地在外流浪。

这本书中的个案，在我所有的治疗个案中，不是问题最严重的那一部分，但我希望让大多数读者对一些普遍性的问题产生共鸣，能够有所体会和感悟，在别人的故事里发现自己的问题。人同此心，心同此理，让文字默然地流进你的心里，如同由我代笔表达你的生活，你可以从中看见自己的孤独、无助和苦闷。

写作这本书，使我有机会回忆起许多我和孩子们在一起的经历，我的情感也随着回忆起起伏伏。我感怀于孩子的可爱、真诚、激情、执着、善良和灵性,也感怀于他们的困惑、惆怅、无助、冲动、执拗和疯狂,更感怀于"患者"的外表下,那一张张洗尽尘垢后的鲜活面庞。同时,我也感谢他们让我对心理职业本身产生了更深刻的使命感。

在治疗中,对儿童、青少年、婚姻关系、家庭环境、成长历程的解读,是工作中的必经之路。在每一次的治疗中,我不断地深入了解孩子们的思想、情感、幻想、冲突和焦虑,最终和孩子们建立一段令他们满足满意的"关系"——这是我在治疗中铺设的最重要的一条路径,孩子们在这条路上可以自由表达心灵深处的伤痛,表达无法言说的自我。当然,与心灵受伤、对"人"失去信心而充满警惕的孩子构建关系,更需要心理治疗技巧以外的真诚和耐性。

通过良好的治疗关系,我再去帮助孩子和父母之间重新修复"可欲可爱可得"的新关系。这种良好的新关系并不是指过度的亲密和依恋,过度的溺爱事实上已经与爱无关,只是成年人的一种控制欲的需要,同样,过度的严苛也是缺乏生命张力和弹性的一种禁锢。

我们很多时候会忽略了孩子作为一种自然的生命存在,和任何生命一样,天生具备自然的意志和目的。你去看窗外的树。生长,就是树所做的事!即使一棵最普通的树,无论处于什么气候,它都要去不断生长、生长再生长。一棵树绝不会去"啃老",也不会去自残,一株小草为了生长也会把顽石顶开——这就是大自然的"意志"。

对孩子过度溺爱或严苛,都反映出作为监护者的成人对自身生活状态的不满足和对生命的焦虑情绪。他们没有了解和尊重生命本身的自然规律,反而扼杀了活泼、自然的生机。对于自然赋予的最原始的生命尊严，我们应抱有更多的信心和尊重。正如毛主席所言："鹰击长空，鱼翔浅底，万类霜天竞自由。"

一个孩子的降临让成人有了使命感，让生活有了一个新方向，让成人的行为具有了不一般的意义。夫妻之间从陌生人成为爱人的缘分，是复刻天地相会相交的模式，会产生很大的力量。"阴"和"阳"通过行动力相遇冲撞，融合产生新事物，谓之"一阳生"，是一种平凡的伟大。

这种力量和情义孕育生命，养育万物，并具体演变为家庭生活中的各种事物，小到居家入户的选择，如一起挑选家具窗帘、共同打造爱巢；大到与双方原生家庭的重新磨合，如夫妻精神的共同成长、新生命的滋养及长久发展。此"情"比所谓的"爱情"更伟大，两情相悦只不过是成立家庭、化生事物的发端。

夫妻之爱大于亲子之爱。任何一对为人父母者在对生命有更高的理想和更深刻的意识时，都会对发展和另一半的关系十分重视，甚至从最初选个什么样的人当自己孩子的父母，都有清醒的认识，而不是盲目投入感情、匆忙造人。至于那些鼓吹"爱没有理由"、令人沉醉于自我感动的爱情宣言，只是一些不过大脑的电影台词罢了。

十多年前我在临床治疗时，发现父爱缺席的问题比较严重，只有当受挫的少年将家庭弄得一团糟，原先缺席的父亲才会被拉回到家庭中，在此之前，父亲与家庭和孩子疏远。如今，情况有了进步，父亲们有了变化，他们从孩子生命之初，就介入孩子的生活，比如，参加关于怎样做父母的课程。十几年前我去讲课时，只有母亲参加，现在越来越多的年轻父亲会到场。但依然有一些自以为是的男人，认为物质和成功最重要，对家庭微环境的稳定性和心理安全感十分迟钝，经常盲目地在物质上慷慨大方。恰恰幼童对物质的反应是最不敏感的。在孩子眼里，一枚钻石未必比一颗玻璃球更有趣。工作和生活两不误才是值得追求的境界。

创造性的事业活动，不仅发生在庙堂之高或江湖之远，也发生在家宅之内和后院内室。在这里，也有你大显身手的空间。只要你愿意投入，就能开创只属于你们这个家庭的夫妻情深、子孙和乐的独特生活样式。

当你如此珍惜夫妻之缘，这种珍重和热情，这份沉甸甸的夫妻之爱，是给来到这个家庭的孩子最好的礼物。

虽然，心理学诊断会把人的一些反常状态归为疾病，但诊断只是为了便于治疗的开展，并非真理。我想对于人生这个大话题来说，病症本身无关对错，而是一种境界的不同。疾病所在的"境"是什么呢？如果你去观察一位患者，你会发现他所做的事和所过的日子都是四分五裂的，他感觉不对劲又不知是哪里不对。

当孩子出现一些偏差问题，当你察觉自己所在的境界有待提升，有效的方式依然是去查看我们的内部生活。虽然这种查看大多数是不愉快的，但依然要尝试和自己对话、接受冲突，和平就是在冲突中打出来的。

了解自己，就是了解问题的钥匙，了解与他人关系的钥匙，甚至是了解宇宙的钥匙。

知己知"人"，知己知"天"，知己知"道"。

因为知"道"，只要改变自己原有的思想或行为习惯，你的命运也会发生改变。

没有人能帮你决断幸福在哪里，更多的时候，需要倾听你自己内心的声音。

在这之前，请随我去看看别人的故事吧。

第一章
被遗忘的角落

⬢ 独自成长的小海龟

多多出生在一个城市家庭，从小和他的亲生父母接触较少，半岁至两岁半的时候，就被带到另一城市的爷爷奶奶家，远离父母居住。两岁半以后，他又被带回出生地，寄住在姥姥姥爷家。虽然父母的住地离姥姥家很近，但他们似乎都很忙，很少露面，偶尔到了晚上把小多多带回家来睡一觉，第二天一早就把他送回姥姥家。但即使是这样的见面机会，也是少之又少。

有时在周末，多多也无法享受父母对自己的关爱，因为多多的父母好不容易等到休息日，两人需要单独相处，尽享二人世界。他们更多地沉浸在自己的需要中，没有时间和精力去关心孩子。其实在他们眼里，这个孩子是个意外的"第三者"，冒冒失失地闯入了他们甜蜜的生活，像个不和谐的音符打乱了原有的节奏。

可是，姥姥姥爷也不能把所有的爱都放在多多的身上，因为还有舅舅家年龄相仿的表弟和多多一起长大。即便如此，多多依然感觉童年是至今为止最快乐的时光，他忘不了那时候自己经常在外玩到很晚，都是姥姥把他找回去，偶尔姥爷还会带他上街买玩具，或者让多多睡在自己的怀里。可同时让他嫉妒的是，好像这样快乐的时光总是更多地属于表弟。在童年的记忆里，多多永远是那群玩耍的小孩中回家最晚的那个。他每次都目送别的小伙伴们被父母喊回家，自己却还在外面待着。其实他是在等着姥姥叫他回家，姥姥似乎也习惯了，总是等到天很黑了才把他叫回家。

当多多一个人的时候，他经常趴在地上观察小蚂蚁。虽然多多也喜欢小狗等其他动物，但蚂蚁可能是他最亲密的动物了。儿时的他有时候会花上几天的时间去观察被捣碎的蚂蚁窝的变化。直到现在，他依然对蚂蚁津津乐道。来到治疗基地以后，我几次从治疗室的窗口看见他蹲在地上，目不转睛地盯着地面，估计就是在进行他小型的蚂蚁实验。

多多记得读幼儿园时，最大的梦想就是每天中午能回家，可是幼儿园里规定中午小朋友们都得在一起睡午觉，不许回家。他总是隐隐担忧，好像中午不回家就会失去什么似的，根本没有心思睡觉。

多多不明白父母为什么总是那么忙，住在离姥姥家那么近的地方，也不来看自己，近在咫尺却又像远隔天涯。他感觉父母对自己置之不理，很少关心自己去哪儿了、在做些什么、在和谁玩，也没有兴趣听听自己和小伙伴们在一起玩耍时的经历。

孩子童年时能得到父母的爱和照顾，长大后内心才会拥有安全感。孩子到了6个月大，就会意识到自己与父母彼此分离，这使他们感到无助。孩子最大的心理需求是归属感和安全感，甚至初生的婴儿对母亲的爱抚就有积极的反应。4岁以下的孩子，常可能出现害怕被父母遗弃的焦虑。他们知道依靠父母才能生存，遭到遗弃就无异于死亡，所以他们害怕任何形式的遗弃。

家长如果忽略孩子的存在，对他不闻不问，表现出漠然和拒绝，不但会损害孩子的自尊心，还会损害其自信心——孩子会认为自己不够好，他在父母心里是无价值的。

在治疗中，有时单一或两三种技术是不够的，治疗师经常会将各种治疗方法进行整合施治。沙盘游戏是治疗技术中的一种，多多强烈的被遗弃感也表现在他完成的初始沙盘游戏中。

沙盘游戏是瑞士分析心理学家多拉·卡尔夫所创立的一种精神分析和治疗方法。游戏主要是通过数千个沙盘游戏模型以及沙盘和沙子所构造出的形状来呈现沙盘游戏者的"世界"。沙盘模型有：人物（如小女孩、小男孩、警察、魔鬼、超人等）、动物（如恐龙、大象、白兔、小狗、唐老鸭、米老鼠等）、自然事物（如植物、岩石、贝壳、卵石等）、交通工具（如轿车、摩托车、飞机等）、建筑物（如房子、桥梁、路标、栏杆、路墩等）、战争武器、现代生活用品等。这些微型模型代表无生命和有生命的存在，代表外部现实世界和内部想象世界中都可能遇到的存在。

患者在自由、受保护、能感受到共情和理解的环境氛围中，创造并体验其"自己"的世界，利用沙盘、沙子、水和沙具把各种意象和情景呈现出来，在游戏中获得一种心理的整合性发展。与绘画投射测验一样，在沙盘游戏中，任何一件沙具都是充满了象征性的语言。沙盘游戏既有诊断功能，也有治疗作用。病人在沙盘游戏治疗过程中完成的第一个沙盘称为初始沙盘。初始沙盘所带来的信息和意义是非常重要的，它为治疗师提供了治疗方向，因为它经常会通过象征语言为治疗师提供很多信息，如病人的问题本质、治疗的预后、痊愈的表现等等。

在多多的初始沙盘里，如下图（图1.1）所示，左边是海边的沙滩，右边是原始人居住地，最显眼的是他在沙滩上刻意掏了一个洞，有只海龟背对着洞放着。他告诉我海龟刚孵过蛋就走了，这是海龟的特性。在此处，海龟实际上象征了他幼年时被抛弃的体验。在关于海龟生命周期的知识中我们可以了解到，小海龟从未见到过母亲，母海龟在小海龟出生之前就抛弃了它们，它们也从未见过父亲。小海龟在孵化时没有父母的照顾，没有人教也没有人保护。

图 1.1

沙盘游戏的主题所投射的信息有可能与游戏者成长历程中的创伤事件紧密关联。沙盘游戏的沙景既投射了儿童活动的轨迹，又表现了儿童心灵深处的"情结"和人格特征。儿童通过游戏将内心的生活在一个特殊的环境中表达出来，达到自我治疗与人格整合的作用。

▲自我陶醉

到了上小学的年龄，多多回到父母身边，但他的父母不像其他同学的父母那么懂得关心孩子——下雨了他们不会送伞到学校，每天上学放学也不会负责接送孩子。多多说他小时候对这些细节很在意，认为父母不爱他、不关心他，因此感到沮丧万分，但现在已经无所谓了。他这样的自我安慰实际上只是一种无奈的抗争。

如果在孩子的成长过程中，父母对孩子缺乏关爱，不尽心尽职地照料，或只是以自我为中心，那么，孩子在此期间就得不到充分的支持，会感觉自己的存在无价值或者无意义，会用虚假的自我来掩饰脆弱的自尊。这就是传统精神分析所说的自恋，即将内驱力从外界撤回，将心理能量指向自己的内部。这样的人，爱自己而不能够爱别人，因为他们不具备爱别人的能力。

在最初的治疗阶段，多多首次来到治疗室，便对室内的布置和装饰做了一番挑剔的评价；在做初始沙盘的时候也对模型表示不满，在摆放时嘴里念叨着动物的比例太小、海中的动物太少等等。

多多努力在我心目中构建他与众不同的形象。多多告诉我他是一个优秀且特别的人。他确信自己与众不同，有着不同寻常的思想和行为，在公众场合总是很出色。他曾经说最大的梦想就是做一项科学实验，专门用来制造人类。我问他："为什么不有朝一日自己生养？"他说："我的基因倒是绝对优秀，只是担心孩子会遗传来自女方的不良基因，因此不能保证孩子的基因质量。"

尽管目前多多的生活状态已是一团乱麻，他依然理直气壮地坚信自己的过人之处。

多多在人格特征上所存在的问题，势必会影响和心理医生的合作——他缺乏内省，缺乏对自我改变的期望。在帮助多多进行自我评估时要触及他"不如别人"的核心信念，这将遭到他防御性的抵抗，因为他宁愿相信问题的根源是外在的。

所以在最初构建治疗关系时，我对多多本身存在的优势给予了积极良好的反应和评价，比如，欣赏他对生物学和历史学知识的广泛了解、对文学的喜好、对科学实验的关注，表扬他拥有较强的思考能力等，同时我也赞扬他能够非常准时准点地来到治疗室，从而强化他对治疗本身的支持。以上这些都是为了满足他对人际交往的期望，从而使他进入到治疗关系中。

与他建立起了良好的治疗关系之后，接下来我便试着挖掘他不良认知背后的原因，慢慢对其进行挑战。

每次在治疗基地看见多多时，他都面带自信的微笑，好像提醒所有人自己时刻都很愉快。在治疗室里，我问道："你好像心情不错？"他骄傲地回答："嗯，我一般都是这样。"

多多认为一个人应该经常保持舒服快乐的状态。对他而言，负面情绪似乎意味着无能和不优越。他通常都会竭力避开消极的情感体验，但在治疗中我刻意让他体验了失望和焦虑。

他认为自己的人生方向不是考大学找工作，而是搞电脑研究，所以在游戏中花的时间比较多。我问他："电脑研究有很多方面，你主要研究哪方面？"

"我对外挂有兴趣。"他回答。在网络游戏中，外挂专指各种作弊程序。由于外挂的强大功能，网络游戏的游戏规则和价值观几乎完全被颠覆。

"外挂实际上是一种程序设计，那看来你已经有这方面的基础了，不错呀？"我准备层层深入，不给他找借口的机会。

"我……"他支吾了一声。

"你懂得计算机语言？"我忽略他的吞吞吐吐，继续发问。

"这个……我想自己学段时间就没问题了。"他在努力维护自己的形象。

"嗯，现在大学里都开设了这方面的专业。我知道你对上大学不感兴趣，但你可能已经有所了解。如果往这方面走，需要自学什么基本课程呀？"

"可能要学高等数学吧……"他的表情已经显得不太自然。

"嗯，你是从什么时候开始有研究外挂的想法呀？"

"2 年前吧……"他回答。

"到现在时间已经过去 2 年了，学习结果如何，难吗？"我知道他根本没有自学相关课程，但我需要和他进行细致的讨论，引导他挑战自我。

"我……没怎么学，我觉得高数是比较枯燥的。"他的回答没有反省自己微弱的行动力，也没有考虑自学高数应具备的学习能力。我估计他根本不了解高数就下了定论。

"看过高数的书吗？"

"没有，听别人说挺枯燥的。"到这时多多的脸上已经完全没有了他一贯的笑容。他有些焦虑地东张西望。

"啊，你不像是那么容易被别人意见左右的人呀！"我假装不解地问。

他辩解道："我也翻过几页，都是公式，挺死板的，不适合我。"

他现在正在艰难地死扛着。为了缓和一下气氛，我笑着说："如果你远远地看了银医生几眼，还没和我说上几句话，甚至连我长什么样都没弄清楚，你就能告诉别人我是个不能交往的人吗？我没招你没惹你，你就忍心把我一棒子打死？幸亏我不是那倒霉的高数。"

他的嘴角往上翘了一下，想笑没笑出来，神经略放松了些。没等他开口，我接着温和地问："你好像不太了解高数就给它下定义了，对不对？"

"大部分事情我都是通过逻辑推理得来的，而不是通过自己去做。"他边说边把身子往后一靠，掩饰自己的尴尬。

我能感觉到他没有发出来的一丝怒气，因为他努力塑造的形象已经被我"无情"地破坏，但一时间又找不到能替自己辩护的话语。我已经在冲击他的底线了，这会儿应该可以结束了。

"你曾经告诉过我，你是适合搞创作研究的人才。通过前段时间的交流,我已经感受到了你丰富的想象力,这是从事创作的重要能力之一,现在又知道你同时在关注自己的推理能力,我能感觉到你的努力。那每次推理的结果让你自己满意了吗?"

"有时候……会完全一样,偶尔有……一定……的距离。"他挑着字眼慢吞吞地低声回答。

在后续的治疗中,我发现多多有一套自己发明的理论,用来解释他目前不满意的生活状态,而且头头是道地安慰自己。比如,他认为自己是有理想的,经常有闪光的奇思妙想,在自己不想去办的事情面前会说顺其自然。所以在治疗中我和他讨论了几组概念的区别:"理想和空想""奇思妙想和胡思乱想""顺其自然和放任自流"。

在最初将多多带入消极情绪的体验时,他把我当成一种威胁,表现出了反感和不能适应,有两次刻意在预定的治疗时间内迟到了。这种由我引导他进行的自我挑战对于他来说是一种挫折,我能理解他的愤怒、羞辱和空虚。我在努力地启发他反思问题所在的同时,尽量策略性地处理自己对多多的评价和反应。

在治疗中,我也特别提醒自己语气要保持轻松,以一种推心置腹的状态和他交流,减弱他对我的敌意,让他感觉到我不是在刻意批评他,即使他的缺点暴露,他仍然是可爱而且值得尊重的。慢慢地,他开始产生一种矛盾的情感,是完整地接受治疗,还是拒绝对自我进行剖析和评估?随着治疗的推进,到最后他能够理解到:心理医生不是想攻击和伤害他,而是想和他一起寻觅一条积极的自我强化的途径。

多多人格缺陷的诱因在于童年早期缺乏足够的父母关怀。在治疗中，心理医生会被患者理想化。对此，心理医生应该在情感上充分满足患者童年对于父母关爱的需要，在此基础上，让患者发现自我认知中歪曲的信念，从而修复和重建健康的自我。

◆真实的渴望

多多由于缺乏父母的关爱，性格冷漠、孤僻，不易与人沟通，对很多事持怀疑态度。这对他的人际交往产生了极大的障碍。他不相信人与人之间能够建立真正的友情，对他人缺乏起码的信任，喜欢夸大他人他物的消极面。他在与同学交流时爱批评别人、固执己见，表现出自命不凡、孤芳自赏等特点，而一旦受到挫折，他往往会推诿到他人或客观原因上。

多多也意识到自己不太招同学喜欢，好在和同学最初的交往中尚能相安无事，偶尔还能有一两个欣赏他的伙伴，但和这样的伙伴也不显得亲密，往往过不了多长时间彼此间的关系就转为紧张。不是由于他对待同学语中带刺，导致关系破坏，就是同学对他的印象越来越糟糕而不再与他交往。但他觉得这并无大碍，既然友谊破坏了就算了，他不是那种喜欢和人主动交往的人，反而觉得这样正好可以让他享受独处："我喜欢自己骨子里的孤僻。"

多多已经习惯在遭遇挫折的时候通过自圆其说来掩饰自己真正的需要。他小时候希望父母爱自己，但是现实让他失望，于是他告诉自己："你们不爱我没关系，我自己爱自己。"他长大后和同学不易相处，同学们都远离他，于是他告诉自己："也许你们本来就不值得交往，我正好享受孤独。"

当然，所有这些仅存于多多的自我安慰中。虽然他表现得比较"坚强"，但这终归是不符人之本性。他不止一次向我提及，和某一同学本来相处还行，但后来就不了了之了，那同学也不再和自己主动联络。多多不仅回忆起现在的高中同学，还回忆起了初中的短暂友情，回忆完了又模式化地告诉自己其实这些同学都无足轻重，但我能体会到他言语和神情中的懊恼。

良好的同伴关系能使孩子拥有归属感。这种归属感只能在群体中获得，能减轻孩子由于孤独而出现的焦虑和恐惧。当我在治疗中把多多身上厚厚的铠甲卸除后，他表达了自己对团队的渴望，希望能够在团队中找到归属感，而在《魔兽世界》中参加公会，就是为了满足自己这方面的需要。

网络游戏使千万人汇聚在一起，现实生活中的社会性在游戏中一样有所体现。它的体现方式就是网络游戏中形形色色无以计数的社会组织——公会。游戏是虚拟的，然而操作这些游戏的玩家是真实存在的。游戏像一个微缩社会，真实地约束着玩家的行为。

《魔兽世界》中公会里的玩家往往是为了一个共同的目标而走到一起。有的是为了击败游戏中最强大的BOSS（游戏中首领级别的守关怪物）；有的是为了在战场中实现更好的配合；有的是为了集合多人的财力共同控制市场，从中获利；有的是为了构成某几个职业的组合，利用职业特点玩出自己的特色；当然，还有很多人只是为了寻找朋友，能在游戏中交流。

多多参加的公会是PFU（Play for Uber）公会。"PFU"，即荣誉至上。这一类公会以公会制定的战略目标作为最高目标，一切调配以最高目标为先。公会注重纪律，对会员有着严格的要求，并且有着相对比较详细和完整的管理制度。PFU公会的会员甚至不是自由的。他们不能完全随心所欲地去游戏，而要把大多数的时间放在参加公会的活动中，要遵守公会的各项制度。这也意味着无论你此刻是否需要上学或者上班，都要无条件地听从指挥、各就各位，"人在江湖，身不由己"，否则你就可能会被踢出队伍。

多多把公会相对严格的规章制度看成是这个组织的凝聚力，为自己能够成为一个优秀公会的会员而感到开心。加入组织的人都为公会的成长抛洒一腔热血，为取得的成功而欢呼雀跃，为失败而感到耻辱。在公会中的玩家已不仅仅是独立的个人，他们已经与公会形成了无法分割的联系。

公会可提供许多便利，包括提供免费的物品和组队的机会，便于商业技能冲顶和获取任务物品、技能、原料等。多多在公会里交了不少朋友，在阵营战斗中受到别人的保护，和朋友们一起冲锋冒险。

在游戏中网友之间的交流，与在QQ、MSN、聊天室里的交流是不一样的感觉。大家在同一个世界里打打闹闹就认识了，慢慢地越来越多的人相互熟悉起来，知道有那么多朋友都和自己一样在这片虚无的领土上疯狂追逐梦想，牺牲了时间和精力，寄托了很多情感，不需要太多的言语，彼此就自然而然地亲近起来。其实不少到最后舍不得魔兽的玩家，都是舍不得那些志同道合一起寻梦的兄弟姐妹们，丢不掉那份惺惺相惜的玩伴友情。

⬢ 过度冷漠的父母

多多的父母真是与众不同，别的家长把孩子送来后，三天两头来电话询问情况，可他们没有，倒是爷爷奶奶、姥姥姥爷轮番上阵打来电话。实际上，孩子在我们基地治疗期间，心理医生会选择时间和家长联系，有时候也需要就发生的新情况互相沟通。但这次我刻意没有联络多多的父母，我想知道他们到底会不会主动来电询问自己儿子的治疗和生活情况。

也许给基地打过电话的老人们会把我们沟通的情况转达给多多的父母，但一般父母打电话来基地不仅仅是想知道一些治疗的情况，也是为缓解想念孩子的心情。

在治疗中，我能强烈感受到多多父母对多多的冷落和淡漠。多多上小学以后开始和父母住在一起，但他总感觉自己是这个家庭的局外人。他曾经向我描绘过这样一个场景："我认为我的父母感情很好。小时候我坐在沙发上看电视，他俩在家嬉笑着逗乐玩，围着沙发转，跟孩子似的追着闹，而我就坐在沙发上傻待着。当时我也特想参与进去跟他们一起玩，但我不知道该怎么办，觉得自己插不进去。他们经常在家挺开心地打闹，慢慢地我就装作没看见，再后来我就干脆躲进自己房间不看他们。"

从第一次看见多多，我就明显地发现他有严重的行为问题——吸吮大拇指、咬指甲。他的指甲已经被咬秃了，看起来肿胀得有些变形。他小学的时候特别喜欢咬钢笔——在课堂上咬那种灌墨水的钢笔，经常把笔咬秃，墨水都被吸出来，弄得一嘴黑。后来我见他父母时，问他们有没有注意这些。多多母亲淡淡地回答道："曾经说过，但孩子不听，也就没办法了。"

吮手指、咬指甲、咬铅笔和咬衣襟在儿童顽固性习惯中是最常见的，大多始于幼儿时期。但多多已经是读高二的青少年了，却还存在这种习惯，并且表现得非常严重，这并不多见。

顽固性习惯的最初表现是正常的原始反射——吸吮。这是婴儿与生俱来的一种本能，顺利吸吮才能使其顺利成长。婴儿嘴部接触到的任何物体都会引起吸吮。当婴儿开始有手眼协调动作后，吮手指的动作就会很自然地产生，引起快感。因此，当婴儿在饥饿、寂寞、无聊、身体不适或需要情感抚慰时，就会吸吮手指。

如果孩子在2—3岁阶段偶然出现这一现象，且持续时间不长，这是正常的。3岁后幼儿与外界接触增加，因为运动、语言和认知能力的发展，生活内容丰富起来，双手开始成为他们接触周围事物的主要工具，他们因此会逐渐放弃这种原始的、单调的获得快感的方式，吮手指的现象自然消失。

有些幼儿由于周围环境单调，没有小朋友做伴，孤独而没有成人爱抚，就会保留吸吮习惯，演化成吮指、咬指甲、咬铅笔、咬衣襟等，并从这些行为中得到一定满足，逐步形成习惯。如果他们在幼儿期能及时消除吮指行为，生理和心理上的问题就会逐渐消失，不需要特别的矫治，但如果像多多这样错过了发育关键期，矫治相对就比较麻烦了。

奥地利精神分析学家弗洛伊德认为，人在出生后的第一年，主要由嘴巴获得快感。这个发展阶段称为"口唇期"，这一时期人主要的需求是通过吸吮母乳而获得口唇的快感。

口唇期在孩子出生前就开始了。通过 X 光透视，可以看到胎儿在子宫内吸吮手指。对于刚出生的婴儿而言，一方面，最迫切的生理需要是解决饥饿问题，另一方面，没有任何行动能力的婴儿也必须获得一个强有力的保护者。只有满足了婴儿生理与心理的两方面需要，才能给婴儿提供一种全面的生存安全感，而吸吮正可以缓解饥饿感、减轻焦虑感，使婴儿获得心理快感。

母亲们通常把宝贝紧抱怀里，轻轻摇拍、亲吻脸颊、温柔细语，这样做远比单纯哺乳的作用要大得多，因为这些动作是一个尚不能用理性思考的婴儿所能感受到的被爱的方式。母子之间正是通过以上方式建立起信任感，同时也使孩子逐渐明白自己是被人所爱、有自身价值的人。

反过来，如果人的口欲需求受挫或过度满足，则会出现这一发展阶段的固结现象，即人的心理成长停滞，心理年龄停留在这一阶段。口欲需求受挫通常表现为不安全感，会影响一个人今后的人格成长，使其出现自卑或自恋的性格缺陷。如果口欲需求过度满足，又会出现"口腔性格",即表现为过度依赖、嫉妒等性格特征。

有调查表明,如果婴儿没有顺利度过或完成口唇期,往往会特别需要对"嘴巴"的满足。到了成年期可能出现吮拇指、咬指甲、咬被褥、咬手帕等神经症表现,或产生口欲攻击行为(如骂人、讽刺、挖苦、言语下流),也可表现为吸烟、嗜酒、贪食、厌食等等,甚至是对口淫有极度的兴趣,尤其是在精神压抑的时候,表现更为强烈。

从多多的成长来看,在他半岁时,正处于婴儿的口唇期,却被强行中途断奶带到奶奶家,不仅得不到口欲的满足,而且完全离开母亲的怀抱,无法享受母亲的爱抚。那时的环境未能满足多多的口欲需要,也没有使多多与母亲顺利建立起正常的母婴或亲子关系。在这一阶段,多多未能获得安全感,从而在心理上受到了最初的挫折,埋下了在今后的成长过程中不能发展出自信性格、对人和社会缺乏信任感的祸根,同时也令多多在未来的行为上表现出吸吮拇指、咬指甲的不良习惯,在与人交往中出现好讽刺挖苦的口欲攻击特点。

不过,对于多多而言,不仅是在婴儿时期,在他现有的成长体验中,也一直没有享受到父母给予的足够关怀。他已经对父母产生了强烈的生疏感和距离感。对他而言,"父母"和"家"这样的词不再有温暖的含义,仅仅是一个代号罢了。

多多不止一次说他是个不恋家的人。我问他:"家在你心中是个什么概念?"

他不假思索地回答:"家,就是宿舍。"

当他把"家"不带感情色彩地说出来时，心里并没有憋着怒火，他的语气很平静，习惯性地保持着慢条斯理的言语特点。

我后来把多多的回答复述给他的父母，意在促使他们进行反思，可他父亲却很不解地回答："你说这孩子怎么这样！我们一直觉得他对亲情挺淡漠的。他天天上网也不去学校，总逃学，所以我跟他妈妈就劝他。他倒是不像别的孩子那么敌对，但他该怎么样还是怎么样，根本不听我们的话，反应很冷淡。"

总体而言，随着年龄增长，青少年行为的自主意识增强，对父母权威认同程度下降，但忽视型教养方式下的青少年对父母权威的认同程度会降到最低，亲子间的亲合度也最低。因此，忽视型教养方式对亲子关系的消极影响最大。

研究发现，青少年从13岁开始更注重知识、回报和家人的关心。其中"关心"指孩子对父母"为我好、爱我"的理解。由此可以推断，青少年期的孩子对父母权威的认同程度更取决于父母对他们的情感作用。

父母对青少年的成功管理取决于青少年对父母权威的认同程度，而这种认同程度又受父母赋予青少年的温情多少的影响。较多的温情使亲子互动建立和维持了一种积极的情绪状态，从而使互动双方更容易关心对方的需要、采纳对方的观点。

忽视型父母较少关心青少年，因而其子女对父母权威的认同度最低，在许多事情上希望自己做决定。成长在受忽视环境下的青少年最不倾向于认同父母决定他们生活中的许多事情。

虽然在治疗阶段我一直在等待多多父母的电话，但在孩子出院前两天他们都没消息，倒是多多突然向我申请："我想打电话回家，我如果不打电话给他们，说不定他们会忘了我在这儿治疗。"接着又问，"他们没打过电话给你吧?!"

我含糊地回答："你们家里人打过了。"

"家里人也可能是姥姥姥爷和爷爷奶奶，我说的是——我父母！他们打过吗?!"他刻意地强调，认真地问我。

这个时候，我真的不想说出实情让多多再一次失望。在治疗中我一直在努力帮助他修复和父母的关系，重新点燃他对父母亲情的希望。从前多多认为父母抚养自己只是尽义务，但最近两年因为荒废学业，他心里也添了些内疚，而且在基地的治疗期间他和别的孩子接触，得知别人的父母甚至用打骂呵斥来教育上网问题，而自己的父母表现温和，这样的比较让他的内心有了些许暖意。他在似有若无地期待更多温情，告诉自己如果换个角度想问题，"父母也许是爱我的"。

我相信多多父母并不是刻意不爱他，而是粗心和自私。此外，他们自己对他们的父母也有所依赖。如果我让他们意识到自己已经错过很多向孩子表达爱的好时光，鼓励他们重新用爱去接纳多多，情况会比从前的无知无觉、漠然处之好多了。我也相信这样的改变会让多多冰冻的心逐渐松动，因为多多的内心依然萌动着对父母关爱的期待。

想到这儿，我咽了口气，撒了个谎说："打过电话，你爸打过。"

他眼睛有些亮，问我："打过几次？"

"一次。"我心虚地回答，说多了他不信。但即使一次也让多多开心了起来。

治疗后期，多多的奶奶主动和我电话联系，要求提前来接孙子出院。奶奶的声音在电话里听起来较强硬，感觉在家里一贯当家做主。其实有较长一段时间，多多的父母下岗了，基本物质生活都是靠奶奶来维持，看来如此这般，多多的父亲更有理由做"甩手掌柜"了。

在这前一天，我已经主动和多多的父亲联系了，商议好出院时间等相关事宜。奶奶的口气就是多多的父亲说了不算，不用等他接，她自己来接孙子就行了（奶奶的居住地离我们治疗基地更近）。我告知出院时她可同来，但根据治疗计划，孩子父母必须来。这也是治疗非常重要的一部分。否则，孩子好不容易重新建立起来的一些情感触动或者行为改变有可能功亏一篑。孩子可以出院并不代表万事大吉。

对于父母而言，教育子女的责任重于泰山。如果孩子出现问题，在某些方面家长难辞其咎，而今孩子要重新站起来，他们的配合责无旁贷。

之后我联系了多多的父亲，再次重申：他和妻子两人必须一起来接孩子出院。多多母亲看见我，便委屈地说："我们的家庭怎么会出这样的问题？你看我们很和睦的！"我说："正因为你们家庭太和睦了，和睦代表的是一种情感的亲密，可那只是属于你们的亲密。家庭是一个系统，你们的联系过于紧密，孩子那儿却空了，这样就失去了正常的平衡。"

当我从孩子的角度把治疗中观察到的内容告知他们时,他们先是张大眼睛看着我,好像我在揭开一个秘密似的。他们起先偶尔还替自己辩护两句,到后来父亲一直低头不语,母亲在一旁抽泣。

我把我说的那句谎话("你爸打过电话")也告诉了他们,只有他们手中握有魔杖,能够把谎言变成现实。如果真能这样,那我因撒谎而生的内疚也会淡化,那句谎言方能幻化成一句美好的祝福。

多多出院之前,正好赶上基地组织的节日联欢活动,活动节目全都是由孩子们自编自演的。基地工作人员会定期地组织患者进行适当的文娱体育活动,如进行集体游戏、开展娱乐活动、组织郊游等,也会举办各种体育比赛或辩论比赛,还有报纸、杂志、书籍等可供阅读。尽量使基地的生活丰富多彩,也是临床上的一种辅助治疗手段。在集体娱乐活动中,患者思想集中、情绪松弛,可以避免沉浸于恐惧、忧伤、焦虑、紧张等消极情绪中,增强自我价值感。

我鼓励多多去参与表演。他参加了一个团体的节目,他们的表演自然幽默、精彩不断。大家为他们欢呼喝彩,鼓掌声差点淹没了他们可爱的话语。表演结束后,我向他献花,在掌声中他咧开大嘴,激动地乐了,脸上的笑容像花儿似的绽放——那才是由衷的开心,而不是他曾经想要刻意保持的快乐自信的形象。我希望未来在他脸上能绽放更多这样动人的笑容。

随访时,我听说多多的父母有了较大的转变。多多嘴上不说,但心里是明白的。他的父母两人一起在街上做小生意,有时候比平时回来晚，他会打个电话，虽然说的不是直接关心的话语，但至少他会想起来而且愿意打这个电话。多多还需要努力降低自己对学习的期望，不要把梦想定得太高，否则不能实现时反而会使他轻视自己已经取得的一点一滴的小成果。没有小成果哪能陡然突生大成果呢！

哪怕是最冷酷的人，心里也会有这样一个角落：那里有母亲温暖柔软的怀抱和轻柔的抚摸，有父亲坚实的臂膀和与自己一同玩耍时的笑声。这个角落是如此温馨，以至我们在触及它时，会不禁露出由衷的微笑，会感到冬日暖阳般的温情。自恋，不是一个人的精彩，而是欲语还休的无奈。

个案启示：网瘾，带来成长新希望

如果多多不是辍学在家，他可能一直没有机会把对他漠不关心的父母唤回自己身边，以满足他对"父母之爱"的强烈渴求。多多的父母是育儿上的"啃老族"。在心理强势、身体健康、执掌家庭大权的奶奶面前，他们乐得当个甩手掌柜，觉得自己还是个"宝宝"，把多多扔给老人照顾。这种养育责任的转移让多多的父母得以在很长一段时间过着貌似幸福的婚后恋爱生活，但他们的这些快乐是用多多的心理缺失换来的。他们有多少逍遥的时光，多多就有多少孤独的岁月。

一部分的忽视型父母，是因为自身的压抑和抑郁情绪导致他们只关注自己的需求，沉浸在自己生活的不愉快中，才忽视了孩子。但多多的父母是因为不成熟和不负责任。

从我外出授课的经历中，我发现，有时来听课的不是父母，而是孩子的祖父母。有一次，我问一位老人："孩子爸妈呢？"老人回答："他们出去玩了。"接着说，"他俩经常一起开车去旅游，孩子生下来后一直都是我在带，孩子妈妈坐月子时，除了喂奶的时间，也都是我在带。小两口感情好，也想得开，住好宾馆、买名牌。那俩孩子玩得可开心了，就是不管自己的小孩。"

老一辈人相对年轻一代经历过更多的苦日子，对于这样的付出，有时反而会觉得所有孩子都还抓在自己手里是件好事。一开始，这位老人也觉得自己独揽养育大权挺好，孩子的父母回家只需说两句哄她开心的好听话、买些礼物给她，她就满足了。可是随着孩子渐渐长大，她遇上了一些用老式育儿观念处理不了的问题，体力上也有些透支，有些茫然。老人问我："我该怎么办？"

我说："你先放手。"

听了我的话后，这位老人说了一堆她无法放手的理由。她说得都没错，但从本质而言，她所说的都是托词。她依赖现状给予她的掌控感。她就是想要去管事、想要去安排。她心底对她孩子的真实想法其实是："我可以养你，你甚至可以在家闲着不干活，这样，偶尔我还可以摆个大人架势，骂你两句，但你别显得像个成熟的大人，可以自己掌握生活而不需要我。"

辛苦的人并不一定是让人尊敬的人——他可能是控制欲过强、无法放手的人。看起来很听话、好说话、凡事由别人说了算的人也并不一定是好脾气的人——他可能是没有担当、不负责任的人。

现在有一部分家庭就是这样的模式:"啃老"啃到家。两个家境富裕的独生子女结合。在父母全方位的援助下,夫妻俩不用奋斗也能把小日子过得很滋润——结婚,有父母给买房买车;生孩子,有父母给负责带大。而父母呢,貌似很伟大,无怨无悔地持续付出;如果不能管孩子了,反而会浑身不舒服。这样的子女组合在短时间内似乎是可行的——各安其位、家庭太平。

但是,当我们用长远的目光去审视这类家庭时,我们就会了解到,这类家庭是残缺的,而其中受影响最严重的往往是处于最底层的孩子,在他之上的是不负责任的父母和强势介入的祖辈。因为父母的缺席,孩子的心中产生了一个空洞;因为这个空洞,祖辈再怎么把孩子宠成小少爷小公主,孩子依然会怀疑自己是否是"可爱的"。这类家庭的孩子通常会出现表里不一的行为问题。他可能表现骄纵,但其实内在是无力的;他可能表现任性,但其实内在是孤独的。

任何感情都可以替代,唯独父母之爱是唯一的,祖辈再怎么宠爱孩子也无法替代父母之爱。一个人在孩童时期是最渴望交流的,尤其渴望与父母交流。父母之爱之所以独一无二,不仅因为父母是孩子最亲近的人,而且因为父母之爱是年轻新鲜、饱满充沛、处于不断成长中的。陪孩子共度成长的时光,一切都如此生动。

一个人在生儿育女之后，不再仅仅是谁的儿子或女儿，更是孩子他爸或孩子他妈。有些父母一直要到年岁稍长，玩心不那么重了，活得不那么自私了，心中的父爱母爱才觉醒，但这个时候，孩子已不可能再与父母建立起亲密的关系。没有早期的辛勤耕耘却期待后期的丰厚回报是不符合现实的。

从某个角度来看，多多因为辍学来治疗网瘾，其实也是一件幸事。

青春期是孩子生长发育的重要时期，也是充满躁动和变化的时期。换言之，在这一时期，一切皆有可能。处于青春期的孩子会受到来自学习、社会、生长发育三方面的新压力，同时也会得到相应的发展机会，因此，青春期是加强学业学习、情感学习和社会学习的好时机。如果父母不幸和孩子错过早期的相亲相爱，那么青春期就是他们唯一尚有可能与孩子修复关系的时期。

在基地里，我们向青春期独有的可塑性借力，从疾病本身暴露的问题入手，试图填补多多心里的空洞，也试图唤醒多多父母沉睡的父性母性意识。

无论是心理疾病还是生理疾病，疾病本身是有内在诉求的。所有症状都会强迫我们改变习以为常的行为，无论是阻止我们做想做的事，还是迫使我们做不想做的事。大部分人在疾病面前慌乱紧张，从而忽略了疾病内在的意图，完全依赖药物的疗效。然而，药物只能对人产生短期的作用。要彻底治疗一种疾病，重要的是改变不良的思维方式和行为模式，比如，忌冲动、戒烟酒等。

同理，孩子的心理问题也是有内在诉求的，它反映的往往是整个家庭的问题。网瘾这个让人不愉快的显像，像一封邀请函，把我们带到了孩子及其家庭的面前，从而我们才有机会帮助他们改善家庭功能，使家庭的运转和孩子的发展进入良性轨道。

无论什么疾病，最终的目的都是要我们克服人生的障碍，克服自身的局限，以找到内心真正的力量。我们不应闪避它，更不应敌视它。

多多辍学厌学的麻烦是一个坏事变好事的契机。它提醒我们去处理多多家庭内在的危机，改善父母的职能，把孩子的心理空洞填补夯实，让孩子有能力去迎接一个又一个明天。

感谢症状，感谢网瘾，感谢你们带来成长的新希望。生活不是一直美，乌云飘来又飘去，而不变的是后面湛蓝的天空。

成长环境

- 父母是育儿方面的"啃老族"，养育任务完全交给祖辈；
- 父母没有做到角色转换，自视还是孩子，玩性大过责任，早期养育没有尽父母之职；
- 父母过度专注于夫妻间的情感，疏忽与孩子之间的情感培养；
- 父母漠视孩子，没有提供孩子所需的爱、时间、关注和照顾。

第二章
我本善良

龙龙是由他父亲带他来基地治疗的。他看上去身形强壮，肤色黝黑，一头桀骜不驯的浓密乱发，眉骨有些高，眼神躲在眉骨下带着一股悍气，眼角处有一小疤，嘴部倔强地紧抿着，像是时常处于一种"艰难忍受"的状态。龙龙的母亲没和他们一起过来，不是因为她的工作过于繁忙，而是因为她和龙龙的关系处于紧张的状态，甚至无法接受养育了这样一个让自己丢脸的儿子的事实。这个儿子让她提心吊胆地过日子，她已经记不清楚多少次赔着笑脸向别人赔礼道歉，厚着脸皮到学校去疏通关系，并且花钱赔偿损失。

▲破坏的冲动

龙龙就是我们常人眼中所认为的不良少年、"坏孩子"。

龙龙经常把学校的课桌椅倒腾散架，走在校园里手拿小刀顺手就把树苗砍断，或者将大树的树枝剁下一截——类似这样破坏公物的行为屡禁不止。

龙龙经常在人群拥挤的大马路上飞快地飙车，像脱缰的野马，有好几次他和别人相撞，被掀下车。因为飙车，他的后背曾被剐蹭掉一块皮，其他大大小小的皮肉伤更是不计其数。对这一切他极力隐瞒。大部分时候他的父母并不知情，有时候因为要赔偿对方的损失他才不得不让父母知道。龙龙感叹自己命大，那么多次在危险边缘，却总能逢凶化吉。

龙龙虽然只是一名16岁的中学生，却是有名的"花心大萝卜"。他很有女生缘，和各种各样的女生来往甚密，而且只要是他看上的女生，通过他与众不同的大胆执着的手法，基本都能追到手。当然他父母想不明白，自己的"坏"儿子到底在那些女生眼里有什么魅力。

有时在没有任何预见的情况下，龙龙会对同学大打出手。还有更严重的，就是他参与过一百多人的群架。这些人在当地属于不同的派别势力，他是其中某一派的成员。只要他接到"上级命令"，有打架的任务，就必须浴血奋战参与斗殴。打架时，起初大家还能分出敌我双方，到最后根本就是红了眼的野兽，咆哮着、挥舞着、撕扯着，一片混战，直到筋疲力尽。

其实，龙龙从小就让父母不省心，经常造成让他们无法掌控的局面。龙龙对挫折的耐受性极低，微小刺激便可引起冲动，甚至暴力行为。

幼年时，龙龙就已经表现得比别的孩子胆大妄为，好尝试冒险行为。在3岁左右，龙龙有一次骑着自己的儿童三轮车毫无畏惧地去撞汽车，认为自己的车也是车；上学后注意力不集中，多动，和同学打架是家常便饭，经常破坏学习用具；小学毕业后曾经接受过多动症的治疗，服用了一段时间的药物；初中阶段，被老师发现书包中常备有刀具。来到基地后，通过生物反馈仪的测试，我们发现他"注意力集中能力"的参数勉强处于正常范围，而"冲动控制能力"的参数处于非正常范围。

⬢ 天性？教养？

龙龙最引人注目的就是他超常的攻击性。关于攻击行为的心理学解释，一直众说纷纭。偏重生物学的研究人员认为攻击行为与雄性激素的分泌及遗传因素有关，或强调攻击是人的本能冲动；社会学习论认为个体经由观察学习和模仿产生攻击行为；挫折－攻击假说认为攻击行为是受挫折、情绪和环境因素影响的结果。

攻击性带有天性的成分，不易扭转，这听起来多少让人感觉悲观。但研究发现，人的攻击性倾向确实在某种程度上受遗传因素的影响，而且遗传基因也影响个体的兴奋水平。攻击性幼儿的父母中有 73.7% 具有好动性急的性格特征。

在对龙龙的治疗中，我了解到他父母的脾气都暴躁易怒，每次吵架的动静都曾让年幼的他感到害怕。他清楚地记得读幼儿园时，有一次他站在门口目睹了父母在卧室激战的全过程。一番唇枪舌剑后，妈妈将枕头和被子恶狠狠地全扔向爸爸，之后她仍不解气，动作麻利地把蚊帐支棍唰地从床上抽出来，猛地朝床另一边的爸爸甩去。爸爸头一偏，棍子撞在墙上又弹回到地上。差点儿受伤的爸爸怒火中烧，将床往妈妈那边使劲一脚踹过去，结果床腿给踹断了，床倒下来。"可怜"的床惨遭毒手散了架，和着妈妈的尖叫一并发出刺耳的噪声。

无论是由于父母的基因，抑或是由于在家庭环境中潜移默化的学习，龙龙在最初的成长中都无法避免受到影响。

所幸有能让我们乐观起来的事实：攻击性的成因除了遗传原因外，还有一部分是环境的影响。遗传的作用根深蒂固，环境的作用则相对有可能被改变。攻击性是一种相对稳定的特质。那些先天气质暴躁的儿童可能始终具有较高的攻击性，因此总会引发他人的消极反应；而这些消极反应又反过来助长其敌意行为的产生。所以，我们不能把青少年的敌对行为简单地归因为先天遗传。遗传的确会影响个体对环境刺激的反应，从而最终影响社会行为，但它几乎不能决定行为。

社会行为通常反映了他人对儿童遗传特征的反应。如果这种反应是不适宜的，也会相应促使不适宜行为的增加。也就是说，遗传特征需要在一定的环境中通过行为表现出来，而环境对行为的反馈又会进一步塑造行为特征。

龙龙的行为从幼儿时就不能符合大人的要求，因此没少被妈妈用拳头教训，而且妈妈对龙龙的要求很多，甚至犯一点细小的错误都必须改正。妈妈希望龙龙能够按照她的想法行动，没有任何回旋的余地，只许说一不二地执行。她将孩子的活跃或正常的自主性理解成不尊重或拒绝，在教养方式上比较依赖严厉的惩罚措施。

小时候，龙龙如果不能很好地遵守妈妈制定的规则，就会挨揍，有时被扇耳光，有时被扫帚抽。龙龙开始还会嗷嗷大哭，后来居然能够忍受疼痛，不流眼泪了，因为妈妈会边打边说："我打你的时候，不许哭!!你越哭我打得越厉害！男孩不许流泪!!"从此以后，妈妈是看不见他的眼泪了，但有一次龙龙闯祸了，从未打过他的姥姥动手打了他，龙龙痛哭了一场。

作为一个小孩，因被打而哭泣是多么自然的情感流露，但是母亲的呵斥让他感到这种情感流露的可耻。龙龙要为流泪感到羞愧，要为克服令人羞愧的"脆弱"而努力。"男儿有泪不轻弹"是我国屡见不鲜的家庭教育。这种现象也反映出儒家思想中崇尚理性、贬抑情感的价值观数千年来在中国人的心理上占据着主导地位，理性由此已上升到与人格尊严相等的地位。但从本质而言，这种教育是对情感的一种扭曲。

虽然爸爸从来不打龙龙，但他的情绪极不稳定，有时好喝两口酒，喝醉了就发脾气砸东西，家里不少东西都被他破坏了。但在爸爸高兴的时候，会带龙龙出去玩，这是龙龙最开心的时刻。遗憾的是，爸爸的情绪太容易变化，龙龙不敢奢望也无法把握爸爸的好心情能持续多长时间。

爸爸给予龙龙的爱，就像骤冷骤热环境下的玻璃器皿，布满了没有安全感的裂纹。

妈妈的专制使龙龙的情感十分压抑。长期郁结于内心的不满情绪往往会通过较为激烈的方式宣泄而出，因此龙龙会采取一些攻击和破坏的极端行为来表达对妈妈的不满。同时，孩子还会模仿父母的攻击行为，孩提时龙龙就学会了：暴力是对待挫折的一种常见方式。另外，由于龙龙的行为不能符合大人的要求，而外界环境又给他过高的压力与过多的批评指责，导致龙龙自身状态与环境之间出现冲突，从而产生了严重的情绪问题。

◆拉开治疗序幕

每位来到基地治疗的患者都需要进行生理方面的检查，通过体检得知自己的生理指标。众所周知，传统游戏或者自然游戏都不同程度地要求游戏者调动身体肌肉与器官进行各种形式的配合与运作，它强调游戏者的肢体协调性、平衡性与反应能力。而网络游戏中的游戏者只需要用一只手移动鼠标，或者几根手指在键盘的小小空间上进行轻松敲击，就可以完成全部的游戏操作。在整个游戏过程中，玩家的身体基本上不用参与到游戏当中，只需面对屏幕保持一成不变的僵硬坐姿，由此便形成了一种身体缺席的状态。

网络游戏过程中的身体缺席会激化游戏瘾。玩家的身体处于静止状态，所有的神经反应都集中于游戏情节对大脑的刺激，对其余躯体知觉刺激的反应都相应减弱，这种此消彼长的身体状态必然有助于玩家在游戏时浑然忘我地投入。

这样，玩家如果持续上网，就会使大脑神经中枢持续处于高度兴奋状态，导致肾上腺素水平异常增高、交感神经过度兴奋、血压升高，进而引起自主神经紊乱、体内激素水平失衡，长此以往会导致免疫功能降低，从而诱发各种生理上的不适。根据临床经验，患者大致会表现出以下几类症状：腕骨髓道症、眼睛干涩、紧张性头痛、背痛、饮食不规律、个人卫生状况不良、睡眠及肠胃功能紊乱等。

每个人的体内都会分泌一种名叫"多巴胺"的物质，多巴胺有刺激愉悦中心、调节情绪、影响认知过程的作用。长时间上网会使大脑中的多巴胺水平升高，令人在短时间内高度兴奋，但兴奋过后会有强烈的颓丧感。如同吸毒的人需要的毒品剂量越来越大一样，上网的人也需要越来越长时间的刺激，才能让人体的奖赏系统分泌出足够让人兴奋的物质。一些负性情绪状态（如抑郁、不适感、焦虑）的增加也与多巴胺的水平升高有关。

此外，网络成瘾还与大脑边缘系统或大脑皮层某些部位的5-羟色胺（5-HT）功能失衡有关，因为5-HT与人类的情感、心境紧密相关。由于中枢内不同5-HT通路功能之间有许多复杂的联系，所以网络成瘾患者体内5-HT的改变也是复杂的。

成瘾行为的慢性作用能够对神经系统造成长期的改变，导致耐受和条件化等效应，并且影响自然奖赏效应。长期慢性作用使人在心理上感受到愉悦、快乐和满足，并渐渐在生理上产生一种依赖。所以，成瘾是一种特殊的精神或生理病态，它与精神依赖、生理依赖密切相关。至于网瘾与其他成瘾行为（如毒瘾、酒瘾）是否有同样的物质基础，尚无实验依据。但根据临床表现，大致可以得出网瘾和其他成瘾行为相关的假设。

龙龙的体检结果显示他体内的铅元素含量高于正常水平。铅元素超标会抑制大脑细胞酶的活性，从而干扰神经递质的正常代谢，影响脑功能的正常活动，产生异常情绪、智力障碍或行为偏离等。微量元素在体内的含量和人体的内分泌及神经系统功能也密切相关，直接影响到人的生长、生育和身心健康，同时造成情绪和行为的改变。

临床发现，因微量元素异常引起的某些症状，和网瘾患者的表现存在很大程度上的一致性，如注意力不集中、情感和行为的异常、体内神经递质分泌紊乱等。所以，虽然近一两年对网络成瘾和神经系统、精神成瘾、心理障碍等关系的研究已引起普遍关注，但我们的治疗基地除此之外也密切关注网络成瘾与微量元素之间的关系。

龙龙来到基地后，情绪就表现得极不稳定，大多数时间不愉快、不友好，对周围的事物不感兴趣，容易被激怒，曾经三拳两脚就把宿舍包暖气的柜子踹裂了。值得庆幸的是，我和龙龙之间的治疗关系建立得较为顺利。我想这源于他内心深处对温馨交流的迫切情感需要。

他起初很抗拒我，表现得不太合作，沟通较被动，但也不是特别反感我，于是他在半信半疑中进入了治疗阶段。有一次我给他布置了治疗作业，在下一次治疗中，我没有刻意提起作业的事，而是在结束前问他是否还有什么想和我说的。他犹豫了一下，沉默了一会儿，然后说"没了"，我也没再追问。再下一次治疗中，在快要结束的时候，他突然从裤兜里掏出一张皱巴巴的纸，似乎还有些不好意思，调皮地说："我本来不想给你的……嗯……还是给你吧，这是我的作业。"我回答说："嗯，很不错呀，你当时没有拒绝写作业，我想你就是答应了。我在关注你的同时也会关注你的承诺。你完成得比较快呀，我以为你会让我等更长时间呢。"

其实对于他什么时候会把作业给我或者会不会做作业，我自己心里都没底。在布置作业之前，我没有给他限定时间。我判断应该给他更多的空间和自由，也想通过他的行为来了解他心态的变化。龙龙不像有些患者那样需要我刻意强调作业完成时间来对其习惯行为进行矫正。

心理治疗并没有一个"标准化"的模式可包治百病。治疗师应该努力为每位病人寻找最适合他们的治疗方法，欣赏不同患者独特的内心世界，不轻易因为规律之外的人性而感到棘手，而是应该惊叹人从生理到心理的复杂性和多面性。治疗的整体过程是流动的、自发的，有时候可能会进入无法预期的新领域。这是一种有生命力的动态治疗关系，往往比一潭死水有意义。但治疗围绕的始终是患者的"紧要点"，结果总是万流汇川。

我想龙龙会不好意思是因为他觉得自己似乎不应该表现得这样"听话"，但我知道他确实认真写了，而且在上一次治疗中就想给我而没有给我。他从母亲处获得的爱的感受较为有限，在治疗中我更多的是默默给予他温情的支持，没有轻易触碰他压抑的情感，偶尔也带他到情绪治疗室打打沙包，只等他自己向我敞开心扉。

慢慢地，我得以逐步接触到更真实的他：龙龙"硬汉"的人设背后其实是个爱哭的男孩，经常会莫名地偷偷落泪。他不愿意被父母认为自己是无可救药的人，凡事都把自己往坏处想。有一次，他帮同学的手机充电，父母就认定他又把别人的东西损坏了。他不喜欢目前自己参与当地打架斗殴的那一派势力，但是欲罢不能，一是因为哥们义气，二是因为就像上了贼船似的下不来了。

▲黑暗中的"曙光"

龙龙不走寻常路的行为引发了龙龙父母对孩子道德发展的担忧。他们不知孩子怎么越变越坏,做出那么多违反道德规范的事情。其实个体道德的最初萌发和发展可以追溯到儿童时期,10岁前儿童的道德推理能力就已经比我们设想的更为复杂。道德成熟的个体服从社会规范,并不是由于他们担心受惩罚,而是由于他们最终内化了学到的道德规则,即使在没有权威人物给予强化时也会遵守规范。

那么,怎样培养道德成熟的儿童呢?这当然和教养有密不可分的关系。采用不同策略促进不同气质的儿童的道德内化是非常必要的。对于冲动、莽撞的儿童,说服诱导的教育方式并不能够使其获得充分的道德经验。要想使这类儿童在早期表现出内化的道德意识,那么这些儿童的父母就应该与其充分建立温馨互动的亲子关系,唯有这种关系才能加强孩子"希望被父母大加赞赏"的愿望。儿童往往有很强的动机去完成由和蔼的成人所提出的要求,父母过于信赖权力压制就会限制孩子道德内化的发展,对任何气质类型的孩子都不适合。

龙龙的父母一直想将儿子的一切掌握在手中,但往往事与愿违。在龙龙的交友方面,父母尽管努力且强制地干涉,但孩子还是堕入他们最不愿看见的团体之中,交往的不良少年也让他们整天提心吊胆。

随着儿童的成熟,同伴在其发展历程中的作用越来越重要。有研究表明，儿童的社会化主要受同伴的影响，即使他们生活在不同家庭、有着不同的父母，他们也有可能成为同样的人。但同伴的许多显著影响都嵌套在父母的影响之下，积极或消极的同伴关系通常植根于家庭，比如，卷入不良同伴群体的青少年的问题就通常始于家庭。

如果父母有消极情绪，又无法很好地进行调节和自控，缺乏建设性的解决办法，经常对孩子生气或命令孩子，孩子就很难从家庭环境中学会如何调节消极情绪，他学会的只会是霸道和独裁，从而使得他和同伴的交往总是处于不和谐的状态。龙龙在学校的交往非常不顺利，而且他被认为仗着自己身强力壮，总是利用武力来挑衅别人，因而遭到同学的拒绝和排斥，大家对他惹不起躲得起。同时由于在学校捣乱经常受到处分，龙龙成了一个已经在老师那里备了案的"破坏分子"。

在学校经受过多的责备和惩罚，并不能鼓励龙龙思考怎样才能和同学和平共处，反而让他感受到更多的失望，使他对老师和同学都不感兴趣。父母对于来自学校的负面反馈也是怒火中烧，他们的态度使龙龙更加绝望。于是龙龙只好铤而走险，在学校之外的场合寻找同类——在那里，他遇见了和他同病相怜的孩子们。这样的孩子组成的团体，在不同程度上都带有反社会的特质。有时候这些孩子的凝聚力能越来越牢固，往往是因为他们的家长给他们过大的压力，让他们不得不在团伙中寻求认同与安慰。

有相同经历的他们有着共同的语言，互相欣赏，自由自在，一改往日被人嫌弃的不光彩形象。他们的郁闷在一起燃烧，恨不得用怒火去摧毁那个不属于他们的世界。他们会一起去搞破坏，打群架，恣意发泄这种因行走在社会边缘、感觉不到家庭温情而产生的愤怒和不满。

对于龙龙来说，所谓的和女生的恋爱也仅仅是出于一种简单的思路：恋爱是一种征服和占有；恋爱对象是一种私有财产，以此来体现自己作为一个男子汉的价值；恋爱不是发自内心的真情。没有感受过正常的友情关系，又如何能轻易成就甜蜜的恋情呢？龙龙说他从来没想过要结婚。其实从长远考虑，如何构建一段婚姻、与配偶建立亲密牢靠的关系对龙龙来说也会是个难题。

不过，尽管龙龙对于女生的情感如过眼云烟，没有付出真心，但有不少女生依然对他情有独钟。从女生方面看，部分身处青春期的女孩会青睐"粗鲁"的男生，认为他们很酷，是一种力量的象征。

父母担心龙龙在外惹是生非，而且担心那些不三不四的朋友对儿子产生不良影响。为了让心里踏实些，他们又把好长时间没有使用的方法拿出来：把龙龙反锁在家。结果，整个暑假龙龙闭门不出。他们以为龙龙会像小时候那样在房里把能砸的东西都砸了，但龙龙的反应却出乎他们的意料——龙龙每天乖乖地坐在电脑前一动不动，因为他自发找到了一种快乐。令父母始料未及的是这快乐产生了持续的影响，直到开学后也依然让龙龙欲罢不能——让龙龙在电脑前端坐的是游戏《绝地求生》。

《绝地求生》是一款枪战射击游戏。这款游戏是动作型游戏的代表作。暑假过后,龙龙开始涉足网吧,和几个玩得不错的难兄难弟一起玩游戏,创建小战队。这可比自己在家单枪匹马战斗有趣得多!这个同仇敌忾的战队给了他们无限的动力,让他们恨不能付出一切去打出一片自己的天地。该游戏节奏紧张,视觉效果华丽,音效逼真,感受直观刺激,让玩家有一种身临其境的感觉,要求玩家有较快的反应能力,对突发事件能进行最快处理,并且要有较强的立体感知能力,这样才能较快地适应角色所处的三维环境。

这款游戏的对抗性强,一般一个回合所需的时间不长,容易吸引像龙龙这样好动、喜欢对抗、热衷挑战的男性青少年组队参加。但高强节奏的对抗自然也会耗费玩家大量的体力和脑力。龙龙在课间或中午时分去玩,接下来的课上基本都处于睡眠状态。如果没有玩累,他还会逃课继续在网吧奋战。

一般玩家认为好游戏的标准是"易于上手,难于精通"。这就要求游戏操作必须门槛较低但又具有一定的深度。比如在《绝地求生》中,初学者不用了解各种武器装备的性能指标也可以上阵杀敌,但是玩久了玩家就会对这些武器的差异有所分辨,渐渐达到精通的水平,从而诱惑玩家投入时间和精力去增强技能。暑假时,龙龙起初愿被反锁在家里,不和父母对抗,是因为他听到将有打架任务的风声,可这次他不太想参战,在家可暂时躲避,后来当他玩起游戏便欲罢不能了。

弗洛伊德认为人类具有"死本能",天生就有破坏欲,攻击、伤害、破坏、毁灭等都是人在死亡冲动的驱使下实施的行为。洛伦茨也认为"攻击冲动"是心理能量发泄的一个重要途径,如果生活未能提供足够宣泄心理能量的机会,人们就不得不寻找发泄的替代方式,如体育运动、竞技等。

发怒、攻击、破坏和摧毁的行为,就是人在攻击冲动的驱使下释放自己过剩心理能量的一种途径。我们在日常生活中一些简单的举动,如把纸揉成一团、生气时摔碗等都是破坏欲的表现。破坏行为是人们发泄不满的最直接方式。游戏可以满足人们的破坏欲,这也是吸引玩家的一个重要原因。

当玩家在游戏中攻克层层难关时,比如敌人的碉堡、迷宫的围墙等,仿佛现实世界中的种种障碍和挫折也在他的勇猛之下分崩瓦解。在游戏中杀人、射击、打怪……乃至网络游戏中玩家互相PK等都是破坏欲的体现。玩家怀着热情将眼前的事物破坏殆尽,而更诱人的是:破坏的结果不是受到处罚,而是获得奖赏——进一步深入游戏,迈入更高级别。玩家在现实中被压抑的、不为社会所认可的攻击本能在游戏中完全被合理化。龙龙的不良行为无论在学校还是在家庭,都像"过街老鼠,人人喊打",不为社会规则所允许,但在游戏中他做了坏事不仅没人处置,而且还有人为他高声叫好。他因此体会到了前所未有的满足感。

如果游戏中的破坏行为能够被约束在一定的尺度内,不逾越人们的道德评判标准,那也未尝不可;但如果游戏的设计真的如此中规中矩,它让人着迷的程度可能就会大打折扣了。

曾经有人建议,把正面的学习内容用网络游戏的形式表现出来,或许可以使网瘾患者有所改变，引导他们走向正途，同时可以让孩子娱乐学习两不误。这不失为一个加强学习兴趣的好办法。但我们应该了解到：网络游戏让人着迷的不仅是娱乐的游戏精神和刺激的多媒体效果，更大一部分因素是对人的本性的挖掘，而且是对我们传统道德意义上的"恶"之本性的挖掘。

"性善论"和"性恶论"一直是人们争论的焦点之一。古语说："人之初，性本善。"即使人性本恶，社会文明道德的约束也会将其改良——把类似于兽性的争斗拼杀冲动转化为追求学业事业的竞争动力。但如果这种恶潜伏在人性深处没有得到转换或者弱化时，游戏暴力的出现就会对其产生启动效应，增加人的攻击行为。由于孩子在玩暴力电子游戏时是积极加入攻击计划并实施攻击行为的，而且暴力本性会被他们的成功体验所强化，所以玩游戏会比消极观看暴力电视节目产生更强的鼓动效应。

▲唤醒理智

龙龙在游戏中奋力拼杀，同时还在当地参与群体斗殴。龙龙的父母只知道孩子不学好，经常在外惹是生非，却并不知道事实比他们想象的更为严重，甚至孩子身上的刀伤他们也没有注意到。确实，父母的专制往往也伴随着对孩子的忽略。

龙龙因为参加了某一团伙，所以他的活动范围受了限制，如果他一不小心踏入别人的势力范围管辖区，就很有可能因为势单力薄挨揍。另外，在斗殴中如果他和别人结下更深的仇怨，对方也可能随时来寻仇觅恨。因此，龙龙大脑里的弦时刻都绷得很紧，精神时常处于紧张状态，并伴有强烈的恐惧心理。

他已经养成了时刻备战的警惕习惯，偶有风吹草动便神经高度紧张。比如，他走在校园里，有同学从后面拍一下他的肩膀，他会很机警地像风似的快速一拳扫过去，他的脑袋还没扭转过来，拳头却已经把同学扫落在地。虽然龙龙身手敏捷，对于打架时如何占据有利优势颇有心得，具体到双脚如何站立、眼神如何瞄准等，都有一套自己的把式，但如果说他毫无畏惧、视死如归，那绝对只是想当然。

龙龙最开始由同伴介绍加入不良社会团体还挺高兴和得意，觉得被人"罩"着很有归属感。但后来他明白，这个势力团体能够保护他，更能让他担惊受怕。他不知道从何时起，这个团体曾有的冤家都和自己没来由地结上了仇。他面对的是一个团体和自己的对抗，而他不可能随时都安全地躲在自家的屋檐下。他曾经想过退出团体，但似乎与之完全撇清关系是不可能的，还会得罪自家兄弟。所以每次召集斗殴时，他只能到场。

当他向我描述起打架的情景时，全身都在颤抖，叙述中混着他想强忍的泪水。由于抽泣吞咽和回忆的紧张，他的言语一字一顿，泪水冲刷了他眼中的暴戾之气，流露出他内心的天真、无助和恐惧。我很难把此时的龙龙和打架时眼露凶光的他联想起来。他告诉我眼角的疤以及背上的刀伤的由来，他在打架时没法对自己的身体顾虑太多，可结束后却留下深深的后怕。他像战场上负伤的战士默默舔舐自己的伤疤，可惜他有着和战士同样的勇猛，却无法和战场上光荣负伤的战士同日而语。

龙龙在"残酷"的青春面前愈来愈迷惘。网络游戏不能成就永远的快乐，不能帮他躲避不期而至的威胁。回头看学习成绩一塌糊涂，父母那儿本已无法交代，哪敢对父母再透露一丝自己的恐慌。生活的目标到底在哪儿？

龙龙觉得自己过一天算一天，但有时候没有希望的感觉也会压得他喘不过气来。他只有在家里卫生间洗澡的时候才能感到绝对的安全和自由。他经常洗澡，而且每次要持续一两个小时以上，很多时候会在卫生间里舒适地睡上一觉再出来。妈妈对此怒不可遏。他在里面睡觉，妈妈在外面骂骂咧咧。后来龙龙的妈妈来接他出院时，对于儿子怪异的洗澡行为还耿耿于怀。

龙龙的情绪控制和管理能力非常差。愤怒情绪往往会导致攻击性行为。尤其在自尊心受挫产生激烈愤怒时，龙龙并不能完全意识到自己行为的意义和后果，容易失去意志控制力，有可能造成严重的社会危害。如果不及时学会情绪的调节技能，不排除他将来会有在暴怒之下伤害人甚至杀死人等过激行为，导致激情犯罪。

在治疗中，我主要运用了行为治疗中的系统脱敏法，帮助龙龙克服行为的冲动性。该疗法首先找出一系列让患者感到冲动的事件，由患者给出他对这些情境事件感到的主观干扰程度，按由轻到重的层次排列出一个等级。让患者先从最低水平层次的冲动事件开始想象，直到患者对该事件的冲动体验消失、情绪变为轻松时，再逐一让患者想象更高等级的冲动事件，直到对所有事件体验到的冲动基本消失，通过降低龙龙对情境的敏感性，他将不再轻易爆发攻击行为。

除此之外，我还引导龙龙进行主动的注意力转移及有意识的自我控制，帮他了解身体紧张的征兆，学会让身体和情绪放松以及通过对自己低声说话唤醒理智。只要在关键的时刻能够把怒气制服，过了那股劲儿，心里就会冷静平和许多，冲动的行为就不易发生了。龙龙很认真地配合治疗，希望在无助的生活状态中找到一些能够掌控的东西。

随着治疗的层层递进，我能明显感觉到龙龙和我之间距离的拉近。我给予他的是支持性的真诚关注，在治疗中从没有主动对他那些特别的暴力行为进行具体探讨。我想对于龙龙而言，情感的温暖远大于行为的矫正，急于干巴巴地讨论那些暴力是徒劳的，等他主动开口才更合适。其实他只要张开口说话，想刹都刹不住。

即使龙龙在基地已经表现出破坏行为，我依然一如既往无条件地尊重他，了解他的不良情绪产生的过程，淡化对他行为后果的关注。我尽量让他感觉到他在我这儿是安全的，不会被人当成异类。我不会只顾着他那些狂乱的行为，他可以放心地舒展自我，陈述他行为背后的郁闷心绪。我想让他明白，除了他的那些同伴，还有人想耐心地去关心他，而不仅仅是想抓住他暴露的缺点实施惩罚。

龙龙慢慢向我敞开心扉，对我无话不说，把许久无处倾诉的心事在我这儿酣畅淋漓地倒出来。有一次治疗时,他为破坏了基地的设施向我表示道歉,而且因为他是我的患者,便问此事会不会给我的工作造成不良影响。由此,他向我倾诉不能控制自己情绪的苦恼,这样才有上面我和他进行行为脱敏训练的情景。他同时向我讨教如何帮助他的一个朋友。他替这个朋友的心理健康担心,因为该朋友对待小动物非常残忍,经常将它们虐待致死。

在快接近尾声的某次治疗中,龙龙基本上全程都在哭泣。这次哭泣丝毫没有掩饰的意味,他把脸朝向我,没有太大的哭声,但泪水肆意地夺眶而出,在他的脸颊奔流,通红的双眼里溢满了哀伤和自责。他断断续续地说起在家庭中的生活境况,最后对我说:"我给父母带来了很多麻烦,我想现在就给他们打电话道歉,希望能够重新开始。"

我慢慢看见一个正常的孩子应该有的情感在龙龙身上复苏了。他不是只有霸道专横的一面,他也懂得为别人去考虑、去负责任。当一个众人眼中的坏小孩打开心结后,向你坦露他可爱、人性的一面,你会不由得被感动,这时你完全有理由相信"人性本善",而他只是被暂时蒙蔽了心智而已。

在对龙龙的治疗中,我也应用了我国两千多年前的古代哲学。如《道德经》中所说的"为无为,事无事",以无为的态度去作为,以不搅扰的方式去行事。这些智慧在临床实践中也能显示出它们的价值。

在对龙龙的治疗中,更多的时候我看似毫无作为,只提供情感支持。"牝常以静胜牡",即雌柔常以静定而胜过雄强。通过这种支持,我把龙龙的紧张、压抑、愤怒、恐惧接替过来。这个过程非常微妙,也是无为的体现。无为并不是在龙龙面前被动地退缩和不管不顾,而是自觉地不去采取任何非自然的举动,只采取与当前协调一致的举动。

对于某些治疗来说,也许不该过度依赖技术、强调技巧,而是应该提供一个环境,像是滋养婴儿成长的"子宫",让天然纯真的生命力充分展开,为患者内在的智慧提供完美的自由环境,使治疗工作及内在的探索自然而然地产生。看似"无为"总有为,实则已经"为所当为"。

▲明天会更好

龙龙出院时,我要求他的妈妈一定要来接他。妈妈一落座便开始发牢骚。在她眼里龙龙一无是处,让她伤透了脑筋,而她对孩子的付出已达到心力交瘁的程度。她想不明白,为什么从小在生活细微处就认真教育孩子(实际上更确切地说是指责),却会有这样的结果。

龙龙的妈妈十分要强,不相信这么能干的自己会把孩子教育成这样!在和她最初的交流中,我发现她很少有耐心听别人完整地说完一句话,经常打断、插话、争抢话语权,只想让别人听自己尽情地表达。可想而知,她对孩子怎么可能有耐心去倾听。实际上,也许她认为别人说的都不如她说的精彩，做的也不如她精彩。

在家的时候，龙龙妈妈经常嫌龙龙干活笨，在孩子面前经常抱怨："我做得又快又好，我看见你干活拖拖拉拉，真是让人着急！"俗语说：青出于蓝而胜于蓝。人类最常见的努力之一就是超越家庭中的其他成员，尤其是父母，这是一种很有价值的努力。可惜龙龙的妈妈不仅不会欣赏，而且唯恐这样的努力抢走了她"能干"的头衔。

对于龙龙来说，此时他最需要从父母处收获的是鼓励。遗憾的是，龙龙的妈妈几乎没有内省能力。龙龙父母来接他出院时，许久没见孩子，当龙龙微笑着走进来，龙龙的妈妈没有流露任何温柔的情感，身体甚至丝毫没有离开座位。她用怀疑挑剔的目光从上到下打量了一下龙龙，问道："这身上的衣服怎么看起来很脏，头发没剪吗？……"语气中没有关怀，而是带着满满的责备。所幸龙龙爸爸连忙走过去牵住龙龙的手。

我打断了龙龙妈妈的喋喋不休，夸奖龙龙在基地的自理能力不错，然后引导龙龙开口说话。龙龙说他把所有衣服都洗干净并收拾好了，就等父母来接——龙龙在努力地让妈妈认可自己。可惜这时龙龙的妈妈丝毫没有赞赏儿子的意思，反倒夸起自己来："我从小就教育孩子做家务，所以他知道把衣服洗了……"

听起来，孩子一切正面的东西都来源于她的教育，而产生不正确的一面就是因为没接受她的教育。

龙龙和他爸爸的关系相对更好，只是爸爸有时候情绪太不稳定，没有用成熟稳定而又坚持如一的情感支持龙龙。但我相信他将做得更好，并引导他学会接受目前龙龙的情绪问题，从而能够让孩子敢于向他吐露自己的负面情绪而不怕遭到谴责，提醒他也可以带龙龙去参加一些活动，来转移注意力和疏导情绪。这样，龙龙在遇到困难的时候，能够更加倾向于通过与别人的交流来解决问题，通过正当渠道发泄不满来获得心理平衡。

其实，对于家庭教育而言，如果孩子感觉无助时不会、不敢或者不能在第一时间想到求助父母，这样的亲子关系就会给孩子误入歧途亮绿灯，极大增加了孩子受到不良影响的可能性。

在家庭治疗中，龙龙的身体始终向爸爸倾斜。我引导他向父母倾诉出自己的情绪，但看得出来他是在对着爸爸吐露心声。龙龙爸爸首先不能自已地大声喘息着哭了出来。龙龙和爸爸心意相通，起初强忍着，顿时也哭了。当时场面挺感人，我也觉得嗓子眼里有些发紧。

可是龙龙的妈妈依然很冷漠，脸部保持着那硬朗的轮廓。我试图让她说出一句她在生活中存在过错、坦然向孩子道歉的话，这样坦诚的示弱对龙龙的触动绝对会很大，但这似乎比登天还难。在我略强的压力下，她依然只是勉为其难地说了句："我们共同努力。"而我认为她应该真诚地承认"我对孩子有过一些不当的教育方式"。令人有些担忧的是，从她嘴里吐出诸如此类的话尚且缺乏勇气，真正为了孩子去做出改变的勇气又能有多大？

看来龙龙还是很了解妈妈的——他曾说："我妈是个不可能改变的人。"而妈妈并不了解他。

出院后不久,龙龙主动给我打来电话叙说近况。相对于别的孩子来说,他是主动描述出院情况最多的一个。他离开了原来所在的地方,转学到离家有一定距离的某寄宿制学校就读。他已经和从前的"江湖"渐行渐远,只和几个铁哥们还在交往,和他们的交往也征得了父亲的同意。他打算假期在当地打工,不回家。

龙龙说起爸爸的时候口气特别亲热,听着都感觉温暖。爸爸经常去看他,还告诉他童年和他玩得最好的表哥考上了大学。龙龙很替表哥高兴。虽然没有明说,但我想既然他会主动提及优秀的表哥,实际上在心里已经把表哥树为榜样。榜样可对他产生强烈的激励作用。

我问起他妈妈,他苦笑一下,说:"我妈就那样。没事!"对于龙龙的妈妈来说,也许需要更多的家庭治疗或者个体治疗才会有明显的收效。但因为龙龙家不在北京,所以我也没有更多的机会开展治疗活动,这对于龙龙的恢复而言是个遗憾。

事实上,龙龙的妈妈自尊水平较低,几乎没有社会支持。她坚信强制性纪律的有效性,也许是因为她本身也曾受过严厉的惩罚,处于虐待型的关系之中。而一个违抗父母管教的儿童,更容易引发她更具控制性或无效的教养方式。在治疗接触中,我对她确实有不少的负面印象,但我也能感觉到她的无助和心酸。

最后,龙龙半开着玩笑对我说:"如果我有时不开心,心里憋得慌,我还会打电话骚扰你!"

我笑着回答:"欢迎骚扰!"

个案启示：你想过在孩子面前大发雷霆的样子很丢脸吗？

为人父母者应自问一个问题："我的情绪管理能力是否合格？"作为父母，你在与孩子的冲突过程中，应该时刻记住：谁是成年人，谁是引导者，谁应该在情绪上表现得更成熟些，而自己又想给孩子提供一个什么样的生活模板。当你情绪失控、沉浸于施展所谓的父母权威时，你有没有想过咄咄逼人、暴躁冲动、歇斯底里的丑态，只会让孩子更轻视你？

处于青春期的孩子有时会故意激怒父母，做事不像话，说话没礼貌，和人对着干，以此来表现他的独立性。这类青少年很清楚父母会因为什么生气，父母一旦脸红脖子粗地大发雷霆，甚至丧失理智、不加克制，反而中了孩子的招。当父母开始愤怒和批评，就已经在向孩子发出信号："你在这次争吵中取得了胜利。"当然这不是说，作为父母，你就必须做一个老好人，而是说，你要利用自己作为成年人的权威、智慧和影响力来与孩子建立良好的关系并帮助他们，而不是感情用事。

在本案例中，龙龙的父母因为自身的情绪问题，不仅在孩子年幼时，对其人格造成了深刻的负面影响，而且，在孩子长大后，也没能理解并满足孩子的心理需求。龙龙的父母没有察觉到，龙龙的愤怒背后是他隐藏的忧伤，是一种爱而不得的忧伤。当"忧伤"这种情绪没有被充分尊重、反而被理解为脆弱的时候，情绪就不健康地转化为愤怒。这种不良转化常见于男性——明明伤了心，却没有表现出悲伤，而是显得脾气暴躁。

龙龙外表狂暴，内心善良，一直渴望有人能以温暖、尊重的目光看待他，可望向他的眼神都是厌恶、警惕的。这导致他把自己的外壳打造得越来越坚硬，以抵御自己无力反抗的外界、保护自己柔软的内心。

成长环境

- 父母间经常发生争吵和暴力；
- 母亲专制强势，缺乏人情味和母性的柔软；
- 父母对孩子谩骂殴打，制定太多家庭规则；
- 压抑孩子情感的自然流露；
- 母亲在孩子犯错后，以故意疏离孩子的方式来表达自己的情绪；
- 父亲性情善变，情绪阴晴不定。

第三章
沉入边缘哲学

小凯来基地治疗之前，已经见过几个心理医生。他和这些心理医生彼此相处得也不错，他们陪伴了他这几年的成长。通过他们的治疗，小凯和父母的关系已经有所改善，而且目前他也没有辍学。

这不禁让人疑惑：小凯的父母为什么要把孩子送来治疗？

他们告诉我：虽然小凯还未到辍学的地步，但他快要高考，却依然在游戏上花费大量的时间。他在学校根本不认真听课，不是睡觉就是看动漫书，反正自得其乐。从现有的学习成绩来看，估计很难考上一流大学。他们希望小凯能在学习中投入更多的精力，认真考大学。此外，他们不能接受小凯现有的一些世界观和人生观，想要扭转他对学习抱有的无所谓态度。

虽然我还没有接触小凯，但根据这些信息我至少可以感觉到：小凯父母对于孩子将来要走怎样的路、现在要为将来做何准备，自有他们的一套思路，可他们明显受到小凯强烈的抗拒。所以，小凯的父母很慌张："这孩子失控了，我们该怎么办？"

小凯不知内情地被哄到治疗基地，被迫入院。他心里十分不情愿，但又不敢反抗，所以表现得倒还平静，不像有的孩子打骂哭闹着和父母及治疗基地发生正面冲撞。小凯父母忧心忡忡，孩子在这之前已经接受过其他心理治疗，唯有这次治疗是哄骗孩子过来的。

小凯来基地之前的那段时间，和父母之间的关系相对平稳。他的父母趁机利用孩子对他们的信任才把他骗来。小凯现在肯定很恨他们，如果因此导致治疗不能顺利进行，反倒起负面作用，那就是不能挽回的错误了，所以他们对小凯的情绪非常担心。从前的治疗虽然让他们与孩子的相处方式有所改善，但终究感觉只是表面的改变。如此费尽心机把孩子弄到基地，不知治疗结果会是怎样。

不管家长是出于什么原因认为小凯有必要来到基地接受治疗，但对于家长利用了孩子的信任达成目的这一点，我十分不能苟同且对小凯深表同情。

⬢治疗伊始

小凯18岁，是一名高二学生，小时候因为早产而体弱多病，加之幼年时三世同堂，因此备受呵护，爷爷奶奶和妈妈均溺爱孩子。唯独小凯爸爸常打骂孩子，一直持续到小凯上初中才有所收敛。小凯从小学四年级开始接触电脑，父母起初竭力控制，不让他玩游戏，但后来逐渐失控，他花在游戏上的时间越来越多。初二时，他沉迷网络的情况已经较为严重，初三开始接受心理医生的常规治疗。

随着初二小凯上网时间超长，小凯与父母的关系日益紧张，从此便开始了旷日持久的拉锯仗。小凯父母起初以一些对他学习上的要求作为交换上网时间的条件，可是他们因为十分在意小凯的学业，于是表现得有些过于急切，在已经谈妥交换条件且小凯已经完成要求的情况下，会不甘心就此罢休，提出更多学习上的要求。这激怒了小凯,导致他直接罢学。他的父母为挽回局面,不得已只能做出更大的妥协。

在斗争胜利的喜悦中,小凯发现只有在对父母的反抗和学业的懈怠中,他才能争取到一些可贵的自由。小凯父母都是以"学业"的名义限制小凯更多的自由,无形中弱化了小凯对学习本身的兴趣,这样的现实自然是与他父母的本意背道而驰的。但显而易见的是,小凯父母并未从已经发生的事情中有所领悟,否则他们就不会送小凯来到基地,小凯成长中的各方面情况也许也会有更多喜人之处。

初见小凯时,他头发凌乱,不修边幅,衣服乱七八糟地随便搭在身上。只见他慢吞吞地走进治疗室,身体歪斜地倒在椅子上,之后便一直趴在治疗室的办公桌上。基本没有太多前奏,他就开始大段地述说,说的都是哲学类的思想观念和动漫故事里出现的世界观,偶尔也会考考我:

"你知道神话故事对语言起源的解释是什么吗?

"你明白世界最初的本源是什么吗?"

……

我告诉他:"我很有兴趣听你说。"

将近一小时的治疗时间,我说的话不超过5句,一直在认真地倾听。小凯的话很多而且凌乱,语速不均匀,经常在一句话没有完整说出来时便戛然而止。他的眼神一直在闪躲,回避和我的对视,一边说话,一边不停晃动脑袋,我被他晃得有些头晕。

小凯看起来焦躁不安,急于表达自我、展示自我,当然还有对我的挑衅："如果我说的东西你都不懂，你还给我治疗什么？"

在第一次治疗结束时，我问他："你将在基地度过一段时间，有什么想法吗？"他一脸无奈："被弄到这个鬼地方，我还能怎么样？这种生不如死的日子，过一天算一天吧，只怪我的心太软了！"他最后那句话应该是针对他父母的，虽然他的话语带有敌意，但他应该不会做出什么破坏性的行为，也不至于有胆量从基地逃跑，所以不用对他采取行为特护。

有很多被父母强制带来基地治疗的孩子，不是蓄谋逃跑就是找人打架，再或者砸坏基地财物发泄不满情绪，这样我就不得不对他们实施行为特护，由教官密切关注他们的一举一动，保障他们和其他人的人身安全。一般经过一段时间后，他们的情绪得以稳定，能够接受心理治疗，对他们的行为特护就会转为一般护理。

青春期是一个容易情绪冲动的成长阶段，处于该阶段的青少年，其思维方式和水平还很不稳定。他们如果因为自己被骗来基地接受治疗而在心理上出现应激反应，往往会有势不可挡的情绪爆发，所以必须及早慎重考虑他们的情绪以及可能引起的行为变化。

◆ 对精神世界的陶醉

接下来的两次治疗中，我和小凯在治疗室里"坐以论道"，对哲学话题进行讨论。我认真倾听他对尼采的热爱、对尼采那惊心动魄的批判性思想的欣赏。尼采是19世纪后半叶的德国哲学家，处处表现出惊世骇俗的狂放与尖刻。

尼采曾大声疾呼"上帝死了"，主张"重新评定一切价值"。他为欲望开脱，他把罪犯辩护为起义英雄，他把善良归结为无能。尼采也许并非是在宣扬什么，他只是在表达一种迥异于主流的观点。但通过了解尼采的思想，一些反人类反规则的意识被刻印在了小凯的大脑里。尼采桀骜不驯的人格与高度强调个性意志的思想强烈吸引着小凯。小凯也认为"要让别人理解自己是很难的"，尤其是，"如果自己像恒河那样急速地思想和生活，而别人却像乌龟般思考和生活"。

我不知道小凯是先了解了尼采而对教育制度存有很强烈的反感情绪，还是先有了反感情绪而后又在尼采那儿找到共鸣。他告诉我他推崇尼采所言：教育的基本原则是麻痹本能，一部教育史就是一部麻醉史。

小凯去学校上课基本只是在完成学习形式。他从根本上认为刻板的学校老师、狭隘的教育方法限制了自己自由而富有个性的思想，认为要汲取知识，自学反倒比课堂教学更有意义。因此，他大多时候在教室里表现得心不在焉，经常趴在桌上睡觉或看动漫。

我很难了解小凯是怎样喜欢上哲学的，我想应该是天赋使然。他从初中就开始自发阅读这方面的书籍，相对于很多在那个年龄段尚不知哲学为何物的同龄孩子，他无疑显得早慧。起初他对中国的哲学思想，特别是对道家思想很感兴趣，这也让他对玄学有了特殊的爱好。但他之所以和我谈论得更多的是尼采,应该是因为尼采离经叛道的言论更符合他现在叛逆的思想需求。

无论这些哲学思想对小凯产生了一种什么样的影响,至少它们使他的精神世界更加充盈。他也很珍惜自己拥有这样的精神世界,而且害怕被别人控制和改变。

这样的小凯在现实生活中自然表现得特立独行。除了有几个不常联系的动漫爱好者作为志同道合的朋友,小凯和班上同学基本不往来,更不可能和女同学有所接触,似乎他大部分的情感都投入到了动漫和游戏中。尽管他在精神领域完全凌驾在同龄人之上,在现实生活中不可避免地有虚弱的一面。

小凯对哲学思考的热爱也反映在他对游戏的关注角度。他在选择游戏时很关注剧情以及游戏所表达的世界观。他认为在网络游戏的虚拟世界里,一款游戏所呈现的世界观是衡量它耐玩性的重要标准。他自认为是素质已经有所提升的玩家,对一般的升级砍杀类游戏不屑一顾,而是把目光集中在游戏所表达的更深层的内涵。

小凯喜欢玩的是角色扮演类游戏。比如《北欧女神》这款游戏,以北欧神话为蓝本,通过游走于神界与人界的灵魂挑选者华尔基丽的视角,以女战神华尔基丽和凡人路西欧的人神苦恋为主线展开故事:主神奥丁为了应对即将到来的毁灭之日,派华尔基丽去人间寻找人类中最强的勇士,并收集他们的灵魂到神界,而华尔基丽的精神是由人和神共同构成的,所以她能成为这二者之间的桥梁。游戏故事并不复杂,但却被赋予了神话和宗教的色彩。该游戏的剧情凄美动人又充满勇气，游戏制作者努力把自己对人生的思考融入了作品。

如果说东方的神话玄妙而神秘，希腊神话浪漫而优雅，那么，北欧神话则豪迈而悲壮。任何民族的神话都有创世纪的传说，但北欧神话却着力描绘宇宙的毁灭。就其对于宇宙毁灭的沉痛悲壮之幻想来说，所有其他的神话几乎都无法与之相提并论。北欧神话的世界因战斗而被创造，亦因战斗而归于毁灭，贯穿这一切的是惨烈无比的战斗世界观。在宇宙末日的大火焰中，在极其悲怆壮烈的最后一战中，诸神都遭毁灭——这些幻想实已达到人类思维的极限。

《北欧女神》的游戏在庞大的故事架构中发展，融合了冒险、动作和角色扮演。为了让玩家获得真实的体验，游戏开发商们竭尽全力精工细做。该游戏有着精美的3D画面制作，综观整个游戏，玩家几乎是在进行一场真实的北欧之旅。游戏中的建筑物、装束、武器、怪物，都充满了古代北欧风情。在如此奇特美妙的虚拟世界中，小凯和大多数玩家一样，深陷其中，浑然忘我。

⬢对奇幻的痴迷

小凯除了热爱游戏和动漫外，还被网络上的奇幻文学深深吸引。奇幻文学在国内的流行与互联网的普及同步，不少奇幻写手是在游戏的陪伴下成长起来的，他们深受游戏的影响。

许多奇幻文学的作者,或是将热门的网络游戏设置为其作品的背景,或是将人们熟知的动漫人物作为其小说的主要人物,或是将超自然元素与传统的武侠文学相结合,使得作品本身既具有时尚、流行的潜质,又能成功地吸引众多游戏玩家和动漫爱好者的目光,从而壮大其读者的队伍。

奇幻文学作品最大的特色就在于它内含的极为丰富的想象力,其内容可谓天马行空,无所不能。作者可以把主人翁放在完全虚拟的大陆,可以直接引用经典的上古神话,也可以构思超现实的探险传奇;主人翁在感染力和想象力十足的世界中展现着自己的成长模式与传奇经历。奇幻文学作品的读者群主要集中于青少年,对于他们而言,网络世界在某种意义上变成了奇幻世界。魔怪、精灵、巫师、兽人……时下几乎没有孩子不熟悉这些名词的。

人们常常把奇幻文学所建构的世界称为"架空世界"。在这个世界,没有不可能发生的事情。奇幻文学不但不受自然规律、社会法则和生活规则的制约,甚至可以完全颠覆自然界和人类社会的规范。这种奇幻世界观本身的魅力深深地吸引着渴望精神满足、灵魂自由的小凯。小说中关于"异世界"的设定满足了对现实不满意的小凯,他想去尽情遨游,在网络中追求另一种生活。他需要这种与真实世界分离、在假想的奇幻世界里活动和游戏的感觉。

不仅如此,小凯也在不知不觉中被游戏中的世界观所影响,尤其是在玩角色扮演类游戏时。通过漫长的战斗和冒险,玩家与游戏之间建立起深厚的感情,对游戏世界观产生了强烈的共鸣。这种情感会随着时间的推移在玩家的思维中升华，使小凯不再满足于游戏中的现状。他开始尝试寄情于文字，创作具有个人特色的奇幻小说，沉醉于自己设定的世界中。所以，小凯不仅爱阅读，而且也会构思和书写奇幻小说，并传播到网络，希望有更多的人来分享他的美梦，希望自己得到更广泛的认同。他被束缚的心灵在网络上寻找着无限慰藉。

奇幻小说的流行，反映出当前处于都市城堡中的青少年缺乏心灵寄托，在自身各方面的能力还极其有限但又渴望自己强大的情况下，产生了想要逃离现实世界的感觉。他们在小说中（无论是书写或阅读）往往幻想自身有异样的能量，而不需要古代神话英雄般强健的体魄；他们借助的工具也并不是现代工业产品，而是如哈利·波特一样，用一把扫帚就可飞行，通过一个意念就可在几个世界的时空中穿行——那是怎样地自由自在、惬意逍遥！

从左边小凯画的自画像（图3.1）可看出，图中的人像头身比例不太协调，头部较大，说明小凯强调精神生活的重要性，并沉迷于空想，但有时候积极性又很高；足趾被突出表现，说明他欲逃离社会规范，存在妄想；人像身着透视服装，说明他现实感很差，沉迷于虚拟世界。

图 3.1

▲不能肯定的自我

从某个角度看，小凯是一幅有灵性的画卷，上面铺陈着深深浅浅的墨彩，但笔触又带着阴影。我对小凯的某些方面十分欣赏，但从治疗角度来看，暂时要把这些欣赏放在一边。小凯的精神世界是他自我认同、确立自我价值的唯一方面。他以能够拥有超乎同龄人的思索能力而自豪，也正因为他自我肯定了这种鹤立鸡群的能力，就更渴望这个精神世界无限扩大。

在这样的动力下，现实生活离他越来越遥远，他在现实中克服困难的行动力日益弱化，在很多具体的问题上表现得懦弱自卑、没有主见、无所适从和消极逃避。从这种意义上而言，精神层面的过度追求帮助他构建的是一个虚假自我，这个虚假自我包含着他内心强烈的冲突——自负与自卑、自我肯定与自我厌恶。

我认同小凯的思考能力，但不能一直和他在治疗室里进行哲学层面的探讨（从治疗上而言，这一阶段是搜集信息、了解患者以及构建关系的过程）。经过这段时间与小凯的相处，他已经表现出对环境的接纳，逐渐安静下来，对我的态度也由最初的不以为意和挑衅转变为友好。不过，要想诱导他进入更深的治疗阶段，仅有这些是远远不够的，更何况他在过去的几年间已经拥有诸多心理治疗的体验。

对下一步治疗，我有两个方面的考虑：一是要打破小凯现有的思维方式和逻辑，让他更好地进行自我觉察。在接下来的治疗当中，我们不会再纠缠于哲学，我会有意回避和转移这些话题，让他的哲学思想无用武之地；二是我了解到，他从前接受的心理治疗多是以温和的方式进行，那么我努力让他在心理上构建和以往治疗不一样的感受。

如果前段时间和小凯的谈话是"让灵魂在高处飞"的话，那后续治疗中他将感受到的都是"在现实中行走"。尽管现实对于目前的小凯而言像一片沼泽地，但我们还是得往前行走，即使泥足深陷。

我首先选了一个容易让人接受的轻松话题入手。

"你有喜欢的女影星吗？"

"不太有……"小凯回答时一脸的犹豫。

"……那是没有的意思？"我没有轻易放过他的闪躲。

"游戏和动漫里有……"接下来小凯仔细叙述了自己所喜欢的女性，似乎又有意带着我去那虚拟王国里转悠。我重新把话题拉回到现实。

"可她们无法神话般地在你的爱意下复活。说说你们班上讨人喜欢的女生是什么样的。"

"嗯，不是太清楚，我也不太在意吧！"

"描绘一下你所喜欢的女生是什么样的。"

小凯思考了好一会儿，也没有回答。与其说他没有答案，不如说他对于在现实生活中找到一个自己喜欢且对方也心仪自己的女孩没有信心，所以他根本没有用心去了解和观察身边的女孩。对于一个正处于青春期的男孩而言，这种现状反映出的显然是一种不正常的压抑。

"你有过感动吗？为一个女生，或者一个朋友，或者是别的人？"在这儿我没有提他的父母，因为不想激起他的愤怒情绪而转移这次治疗的话题。

"你说的是现实吗？"小凯特意问了一句，说明他已经在有意识地调整自己的思路了。

"嗯。"

"……可能有过一次吧，我也不能确定是不是……可能也不算吧，我不太想说……这个……"

"看来你连绝无仅有的一次感动都不能确定是感动，你居然真的都没体验过感动！"

小凯想要申辩，但又无从申辩。他没有把在游戏动漫中体验过的感动说出来驳斥我，其实他也明白，那种虚拟的体验是不能和现实的感动相提并论的，那样的反驳是毫无意义的。但有时候患者并不会因为内心明白毫无意义，就不予以反驳，因此，小凯的沉默也说明他对我们的治疗关系有了更深的信赖。

"这么说你连起码的感动都没有经历过，你还老谈什么精神世界？"我故意装作很不以为意地继续发问。

显然，小凯对我不屑的问话和口气猝不及防，有点儿不知所措。他惊讶地看着我，张了张嘴，停了会儿才说：

"哎呀，虽然我没有感动，但我有别的情感，比如愤怒、怨恨、喜欢……不过我好像没有感受到过自信。"

小凯的最后一句话很直接地对我承认他不自信，让人听起来有些突然，这是他第一次说自己的缺点。在这一瞬间，我有些感怀于他对我的信任。

"你说你不自信？"

"也不能完全这样说……我不能肯定……我不会像别人那样豪言壮语，我不喜欢……但我好像确实没感受过……我也……"他看着别处含糊不清地罗列了一些词。

"你知道自己到底想表达什么吗？"

"我没太说清楚……我的表达能力不是太好。"

"你说你的口头表达能力差吗？"

"也不是……我的脑子有点儿乱！"

"那是说，你不仅表达能力差，而且思维易混乱？"

"可能是这屋子有点儿什么让我不舒服的气味吧！"

"难道说你表达能力差，思维易混乱，而且容易受外界影响？"

在以上的诊问中，我们之间几乎没有停顿，他表现得有些穷于应付，而我似乎是一副恶债主模样在步步紧逼，根本不给小凯思考的时间。

接下来，他突然泄了气，身体软绵绵地靠在椅背上，虚弱地看着我说："我知道自己不够坚强，经常处于徘徊犹豫当中，还易被他人影响，我想通过这段时间让自己学会坚强一些，但有时我也想杀了自己。"

小凯能够亲口说出这样的话，不能不让人感觉乐观。他不是一个彻底的虚幻主义者，他有想向现实生活迈进一步的愿望，但他自己无法面对的脆弱促使他在游戏中寻觅坚强，寻觅北欧神话中那不知恐惧的冒险精神和视死如归的勇气，以及尼采思想中以强悍为美的论词。

▲对禁忌的欣赏

弗洛伊德是悲观的，因为他认为人类的文明是建立在原始本性被压抑的基础上，这座文明大厦越是宏伟，越是完美，就越容易被破坏。人类的原始本性一旦被释放出来，结果可能是毁灭性的。

我曾经问过小凯，如果上天赐予他无穷的能量，他会做什么。

他表现出强烈的破坏欲，不假思索地回答说："我希望把一切不被世俗接受的东西合理化。"

在治疗中，他也经常表现出对各种负面价值的肯定，如对暴力、毒品、犯罪和各种妄想的赞美。他常向我提及他钟爱的后现代主义影片和小说，它们像是原始冲动的能量集散地，其表现的某些非主流文化充满着不安、罪恶与危险，当然也潜伏着巨大的原始生命力和创造力。

另外，小凯曾提及的"垮掉的一代"等一大批波希米亚式放荡不羁的艺术家也是在黑社会中，在出售劣质饮料的烟雾腾腾的地下咖啡室与小酒馆中，在与毒品贩子、妓女和黑人爵士乐手的交往中，汲取了灵感和营养，逐步形成了自己"垮掉"的生活方式和惊世骇俗的美学风格。如果说主流文化、精英文化可比之为人类的意识领域，那么这些地下文化则是人类的潜意识领域。

小凯认为种种为社会所排斥的行为不是常人眼中的堕落，而是人世间通往自由救赎的必经之路。他认为凡此种种病态、颓废的表面背后，都是一种深刻的狂欢化的仪式冲动，都是毁坏一切、变更一切、促使死亡转化为新生的精神。小凯经常预想的是：地球有朝一日会毁灭，从而得以走向新生。

对于青少年来说，他们有时可能为了反对而反对，为了时髦而时髦，而不问自己真正的需求是什么。这看起来是在彰显"个性"，其实是在突出"虚假自我"，因为他们没有形成稳定自我。所以从目前情况来看，小凯对"恶之花"的迷恋本质上是为了制造破坏，为了表现与主流社会的决裂，为了成为"另类"而去赞美非主流文化，其中或多或少有些言不由衷的成分，以及因他离其尚且遥远而产生的无知想象。

人性就其本质而言，一半是天使，一半是恶魔。

内在的原始欲望和外在的伦理道德之间的相互冲撞，以充满矛盾的行为方式表现出来，这是很复杂的，也不可能用简单的"是"与"非"来评判。如果从传统的道德观念出发，小凯的想法无疑具有令人咋舌的社会危害性，但从心理医生的职业特点出发，则不应对其重复传统的道德说教，也不应轻易陷于价值判断的两难境地。

小凯这种情绪的直接来源是他对现实社会生活的不满。在 18 岁这个心理萌动的年龄，他觉得自己拘于一种僵化的秩序，在严厉的社会环境及家庭环境中处处感到压抑。小凯对诸多外表光鲜、内在腐败的现象嗤之以鼻，他明白，其实神圣与粗俗、崇高与卑陋、理智与疯狂之间仅一步之遥，就像生与死、青春与衰老、美与丑等一切对立的因素都是可以互相转化的。因此，直截了当地亵渎神圣和崇高，赞美腐败和毁灭，也就成为小凯热衷的主题。

当然，处在这个年龄段的青少年，对于社会和人生的期望都带有强烈的理想主义色彩，这必然使其产生超乎常人的敏锐和反感，有时甚至产生强烈的愤怒或绝望，从而影响其对社会及人生的看法和态度。更何况对于小凯来说，无论是对尼采的喜好，还是对《北欧神话》的迷恋，都体现了他的叛逆心理和对社会规则的破坏欲望。这些喜好也加重了他去执行批判和破坏人世间秩序的渴望。

所幸的是，小凯只是远远地被这些文化禁忌所吸引，目前还没有施行反常规的行为，一切还仅存于他的想象之中。

有不少像小凯一样的少年认为：自由好像只有在反抗世俗、离经叛道的生活方式中才能找到，其实这种显得另类、时尚、孤傲的生活，是他们逃避自身的困顿和脆弱无力的一种方式，他们拒绝去承认自己陷入了混乱无序的冲突，拒绝承认自身精神的虚假性。

这种寻找尊严的方式虽然为成人世界所不容，却也反映了当下某类沉迷互联网的青少年的一种生存状态：他们不考虑政治，无视责任，不思考自己的作为是为什么，他们只要感受自己的存在。他们在网络上寻找志同道合者，共同构建精神家园，互相支持着，共同怀揣青春的感伤，诉说成长的虚无和困惑。

⬣ 规则的力量

如果说个人的成长都指向对某种为社会秩序所承认的信念和理想的皈依，那我现在对小凯能做的，一是聆听他的宣泄，理解他在呼唤自由独立的同时所感受到的心理的不自由、对自由的困惑，以及他永远也逃离不出的内心的矛盾和挣扎；二是在认知上对小凯进行适当的引导，让他了解规则的力量。

青少年对问题的观察和分析往往是片面且表面的，所以其思想认识易出现偏差，导致对现实社会的看法只顾一点而不及其余。

当然认知上的触动是在治疗过程中通过持续的点点滴滴的渗透才能做到的，同时，作为治疗大本营的基地本身，在设置上是个井然有序、比外部现实生活环境更讲究规则的地方，从更高意义上代表了现实的规范。我陪他经历了对基地由反感到适应的过程，他在治疗期间亲身去体会并发现每一个简单的规则都会产生非同小可的力量，同时他还学会遵循有板有眼的军训的行为指导。在所有这些密切配合的基础上，后期治疗才产生了更为良好的效果，而后期在对小凯的认知引导方面，我没有刻意而为之，而是抓住了他对我说的一件事。有一次治疗时他提起：

"听我们宿舍的人说，他家那边的偏远地段很乱，人都很剽悍。"

"哦？听起来挺刺激的，你家那边怎样？"我知道小凯的家是在一个治安非常好的大城市，我已经打算从这件事引导小凯对"规则"进行重新认识。

"我家那边不可能那么乱。"我从小凯的口气听出他言语中的庆幸。接着,小凯描述了会儿舍友口中的家乡。

"哟,还有那么随意的地方,他是不是蒙你的,跟你逗着玩呀?"我故意打岔。

"不是,是真的,他亲口对我说的。"小凯认真地回答我。

"听着挺新鲜的,有时间去那儿瞅瞅!"我在试探小凯的反应。

"嘿……这个……那就算了吧,还是待在这里安全。"小凯不自然地回应着。

"难道他家那边没有警察?"

"肯定地方太偏,没人管呗,治安不像大城市那么好。"

"看来没人管比有人管可怕呀!"接下来我叙述了一则新闻:一起由于交通红绿灯失灵、交警不在岗而引发的交通事件导致了严重的人员伤亡。我看见小凯在静静地听着,然后话锋一转:"不过你还别说,那个偏远地方,天高皇帝远,谁都不去管也管不着,完全没有规矩,而今哪还有那么无所顾忌的地方呀。"

"嗯……就是。"他调皮地回答。

我多次发现,当我和青少年患者交流时,我表现得毫无所谓、比他更酷时,他反倒正经了;如果家长对他一本正经地输入一些社会规则或伦理观念,他一般都会挑你最不爱听的话刺激你,从而证明给家长看:我的想法就是和你不一样,我是个有独立观念的人。

"也是,过度的自由还是会带来混乱。可死有什么可怕的,说不定会在另外一个世界复活呢。"

"我也想呀,可到目前还没有足够证据证明灵魂可以再生。"

在这次的治疗中,到这儿我便转移到别的话题,没有揪着这个问题继续深入讨论。因为我感觉他已经有所领悟了,没有必要再对"自由"和"规则"的关系进行刻意的概念上的阐述,不需要申明有序的文明社会需要各种规则来作为保证的理论。但为了验证他的真实想法是否有了触动,在后续的治疗中,有一次谈到相关话题,我顺带提了一句:

"你说自由到底是什么?"

"自由是相对的,自由总会带来相对应的反面,主要看你是否能够接受这个反面。"从他的回答我知道,那次的交谈在他心里发生了作用。

◆父子间的征服与被征服

其实青少年的反抗心理具有普遍性,大到对社会期望的反叛、对社会习俗和价值观的逆反和批判,小到在微观环境中对家长、老师的反抗。在这种普遍的逆反倾向中,青少年对父母的反抗性表现得尤为突出和普遍。而小凯的叛逆心态以及现阶段的价值观比一般的青少年更为特别,这应该与他不太顺利的成长过程有直接关系。童年的经历和体验对个体心理结构的形成具有决定性的影响。

小凯的母亲在怀孕期间就工作忙碌且情绪极度不稳定。幼时的小凯体弱多病，备受祖父母及母亲的呵护，溺爱和过度保护兼而有之，直到现在，小凯的母亲依然小心翼翼地爱护儿子。小凯的父亲则完全是另外一副面孔，他认为孩子不守规矩，就必须采取严厉的惩罚，所以在对待小凯的教育行为上，父亲不仅会严厉呵斥，而且偶有体罚。

年幼的小凯无力反抗，但有自己的方法来实行自我保护。每次父亲打他时，他便夸张地高声尖叫，引起其他家人的注意，因为他知道家庭中的其他成员会来替自己开脱、保护自己，结果父亲常常未能实施惩罚行为，还被长辈批评。诸如此类不成功的惩戒行为，使父亲的冲动行为不仅没有得到抑制反而有所升级，以致后来在实施体罚时，小凯父亲一边打他，一边制止他哭闹，采用各种方式不让小凯发出声音，如用毛巾堵住嘴等。

对未成年的孩子来说，身体所受的痛苦可能还比不上压抑情绪、强忍泪水来得辛苦。孩子感到委屈和痛楚自然会哭，强迫孩子压抑情绪实在违反自然规律，会严重损害孩子的身心健康。

祖辈及母亲的偏爱使小凯在家庭中处于一个比较特殊的地位，他受到过分的照顾和溺爱，产生任性、自我中心、过度依赖他人和缺乏韧性等不良的人格特点。而父亲向小凯传达的是另一种消极的情感——严厉的批评和惩罚使其处于一种被父亲否定的高度紧张和担忧的状态，从而在内心产生压力和恐惧。长此以往，这不仅使小凯产生高度焦虑的情绪和强烈的敌对心理，而且使他不能正确认识自己而易感到自卑。

在小凯的成长期间，家长分成两派，导致教养态度没有保持一致。本来父母教养方式的适当差异可以起到一定的互补作用，有利于子女成长，但如果这种差异超出了一定限度，走向极端，则很难给子女明确的期望，只会令孩子无所适从、难以接受。

这种教养方式下的家庭内部缺乏稳定感，易造成孩子的心理冲突，使孩子产生神经质行为；同时，孩子难以从中形成明确的是非观念，也难以从中获得心理和行为的同一，这会导致他们的社会行为出现偏差，长此以往不仅不利于孩子在幼年时期接受适当的文化影响和获得明确的行为规范指导，也不利于孩子在成年后逐渐内化社会认同的世界观和价值观，这些在小凯身上都有所体现。

小凯父亲要求他"强制服从"的教育态度一直持续至今，虽然小凯父亲近几年在行为方式上有所改变，使父子关系得以缓和，但正面冲突的减少并不能说明他们已经开始真正互相接纳。

小凯刚入院时和有的孩子不一样的一点是：他不希望能找到和父母有效沟通的方式，甚至厌恶自己居然对父母还有残留的感情，有时候不能彻底狠下心来"对付"他们。当然，他越强烈地否定和回避与父母的情感，证明他越需要这种情感。

小凯也否定这么多年来父母对他的教育，他认为父母的本意是想要完全控制自己的思想，使他一厢情愿地按照他们希望的方式生活，所以"他们不是爱我，而是爱他们自己的幻想"，而他不会像一个傀儡似的完全服从他们的意志。

何况随着小凯长大，他对于父母权威的认同逐渐降低，虽然他的父母在各自的工作领域表现十分优秀，但小凯对于他们谨慎的人际处理方式和只会埋头苦干的工作方式持否定态度。随着他思维水平和认识能力的提高，他逐渐发现存在于父母身上的、过去未曾发现的许多缺点，对父母的"去理想化"逐渐增强。

父母本不是全知全能的，但如果在这种情况下，父母仍然片面地执行着他们的权威，小凯自然越来越不愿接受父母权威的束缚。

治疗期间，我见过小凯父亲几次，但始终没有听见他说出一句对孩子肯定的话。他坚信这孩子一直太难管，简直就是"欠扁"，因为小时候没有把这棵执拗生长的小苗掰正，所以现在长歪了。同时我也看见了当他们两人坐在一起时气势汹汹的状态：父子两人相对而坐，但身体都后倾靠在椅背上，不约而同地高跷着二郎腿。每当小凯说出自己的一些想法，父亲甚至不等他把话表达完整，便毅然将他打断而提出相反意见。在交谈具体问题时，父亲丝毫不给小凯留有余地，没有给小凯任何机会阐明自己的观点，最后争论早已脱离话题本身的正确与否，而演变成父亲要求儿子无条件地接受自己的思想。

我能够深深地感觉到，小凯父亲在儿子面前实施教育的挫折感一直持续至今。父子之间的关系有时像一场没有硝烟的战斗，父亲自身在情绪控制和恰当表达愤怒方面无疑存在缺陷，而且缺乏养育技能，常采用无效果的惩戒形式，导致亲子间消极的互动多于积极的互动。

小凯父亲的这些缺陷和他对儿子行为表现的不敏感、小凯母亲不具说服力的劝说、不良的家庭外社会关系之间是相联系的。通过和小凯父亲的个人交谈能够了解到，这些不良特质在他的个人生活中也表现为一般化的社会无能，这种社会无能是以强制性的人际方式表现出来的。小凯父亲虽然工作上勤恳努力，但他在社会交往上一直深受困扰，而且他不易妥协的自恋态度也给他的生活带来更多自我价值的贬损，其中包括在儿子面前的受挫感。

小凯父亲恨不能把小凯现有的一些思想和观念像拔一棵树似的连根拔起，但我的建议是：小凯的思想就像一座工程质量不合格的大厦，虽然有些支撑的石柱不达标，但确实暂时起了支撑作用，也就是说小凯的病态症状对他具有保护意义；要想让大厦合格，只要构建好基石，夯实了基础，破损的石柱便会自动作废；如果采取强硬手段强迫小凯接受，那只会离目标越来越远。

另外，我也建议小凯父亲学会去欣赏小凯优秀的方面，去倾听他内心的表达。青少年的反抗性包含着思想上的批判性和独立性，但肯定会有所偏颇。如果加以正确引导，便可以使其养成敢想敢做、不迷信权威、勇于开拓的良好品质，否则他有可能沦为弃绝正统观念的另类人物。如果要真正发挥家长引导的作用，那么我们首先需要明白父子交流的目的不是为了得出胜负，而是表达个人的观点，否则父亲说的再有理，孩子也不会听。

相对于初中阶段，小凯在高中阶段减少了与父母之间的直接冲突，这也说明他更希望能与父母站在平等的位置上探讨和决定某些问题，希望得到父母的认同并且能与父母和睦相处。小凯在治疗后期曾苦恼地对我说："其实我有时想和爸爸去交流，他的思想有一定的深度，但我们就是思想不一致。"我知道类似这样的话，他绝对不会对父亲说，可这才是他心底最真实的声音。小凯自然有对父亲认同的地方，但他隐藏起来不让父亲看见。他会成心让父亲失望和愤怒。如果父亲不让孩子的这些小把戏得逞，也许叛逆行为反而会日渐稀少。

出院前最后一次治疗时，我问了小凯同样的问题："我知道你有很强的思考能力，在基地的这段时间也进行了很多思考。现在，你思考出来了吗？你喜欢什么样的女生？"他有些害羞地回答："这个……这个……我喜欢个性比较温和，不是太闹的，脾气好些，安静点，但最主要是要有灵性，当然长得好看一点更好了。嘿嘿，只是想想啦，可能很难找到。"

小凯的回答，使我看见他加深了对现实的渴望。他的大脑里不再是虚拟世界给他留下的形形色色的影像。我祝福他能更多地用聪敏的双眼理性看待和接受这个不完美的现实世界。

个案启示：你有用哲学和孩子深度对话的能力吗？

小凯是一个对精神世界很有追求的孩子。他主动阅读了一些哲学作品，但在思想领域的观念认同和选择上有些偏颇，这种偏颇是他对现实生活的反抗和不满所致。

青春期是孩子从生物性生命走向精神性生命的阶段。在这一时期，孩子开始对生命的本质产生兴趣，渴望探索世界的未知领域。他们追求神秘主义，探讨灵魂鬼怪、命运走势。塔罗牌、星座、扑克牌占卜、算卦……这些都是青少年会感兴趣的话题。我不止一次在心理治疗中通过这类话题和青少年建立起了亲密的咨询关系。他们未必迷信，可能只是觉得这类东西很有趣。从心理学而言，有时这种不科学的"信仰"可以帮助青少年缓解成长焦虑。神秘主义是青春期的一种独有语言。用他们的语言，我得以在我和他们之间建立一座桥梁，自然而然地引导出他们对生活所有的哲学思考和对寰宇世界的认知。

许多孩子在青春期比任何时刻都更渴望变得"思想深刻"。他们不满足于吃饱喝足，甚至不满足于父母的情感态度——他们想了解父母的内涵。一方面，如果父母想提供给孩子有指导意义的人生观和价值观，这个阶段是大有可为的，身为父母的权威和孩子对父母的崇拜将巧妙地糅合在一起，发挥积极的作用；另一方面，这一阶段的孩子也对父母提出了更高阶的要求："你的内在智慧足够吗？"很多时候父母面对充满灵性的孩子只能干着急，因为孩子想要的东西就如天上那灵光辉耀的月亮，自己都够不着，更何况给予孩子？试想：如果你自身是个内在空洞的人，你如何向你的孩子展开丰富画卷般的万千世界？孩子的心很大，你的心足够大了吗？

如果父母的内在知识资源匮乏，那么他们在对世界有探求欲的聪明孩子面前就会无能为力。所以，活到老学到老，学习是人永远不可荒废的事，充实自己才能反哺孩子。很多时候，孩子不求上进和父母空洞无趣是密切相关的。

父母们，去建设自己的精神后花园吧！生活总会有疲惫的时候，心灵需要可以休憩的地方，这不仅是为了你自己，更是为了你的孩子！

成长环境

⊙ 父母教养方式不一致甚至彼此矛盾；

⊙ 母亲及祖辈的溺爱；

⊙ 父母对孩子不真诚和不守信用；

⊙ 父亲崇尚严厉的家长制，实施身体及语言暴力，从不表扬和认同孩子，在孩子面前示强。

第四章
受伤的童真

即使再和平的离婚,对孩子来说也是一种遗弃,更何况好合好散的婚姻在更多的时候只是一个理想化的梦境。

东东是个未满14岁的男孩,脸上仍旧挂着稚嫩,可是他紧锁的眉宇、时常流露的无比厌烦的神态,却又显得与他的年龄不相吻合。翻开他的成长经历,我们可以看见他已经承受了许多本不该在这个年龄段承受的心灵负累。

东东7岁那年,父母正式离婚,之后他和母亲生活在一起。刚离婚时东东母亲不允许孩子见父亲,也杜绝父亲来探望孩子,为此东东父亲为争取探视权还曾闹上法庭,但东东母亲没有意识到自己的愤怒已经伤害和牺牲了孩子的情感,依然坚持对孩子说:"你的爸爸是个坏爸爸,他不要我们,你没有那样的爸爸,忘了他!"

从最亲的亲人——母亲那里听到另一个至亲之人的坏话,东东实在无所适从,并且感到无助和恐慌。尽管如此,东东一边有些怨恨父亲,一边仍然想找机会和父亲偶尔见上一面,毕竟那是自己唯一的父亲,但他又担心母亲生气,不敢告诉她这些,只敢偷偷地和父亲见面。

大概持续了两年半,东东的母亲发现自己终归挡不住他们父子私下见面,也只好就此作罢。夫妻关系可以解除,但父子亲情却不是可以人为割断的。无论怎样,大人离婚了,可以重新组织新的家庭,但孩子失去了亲生父母的爱,就再也无法复制血缘亲情了。

东东的父亲与母亲相识于学生时代。东东的父亲从小养尊处优，备受家庭溺爱，婚后责任心淡漠，工作懒惰，成日游手好闲，只对运动和玩牌感兴趣，之后又染上赌瘾，欠了不少外债。平日里，他对东东漠不关心，从来没有关心过儿子，经常东东早起上学时他还在睡懒觉，也极少陪孩子玩耍。好在他脾气温和，从不大声呵斥打骂孩子。

东东2岁那年，他父亲就已经开始在家庭之外另结新欢，并且一直保持婚外恋状态。

东东的父母离婚之前，父亲与情人的儿子已有一岁大。离婚后，东东的父亲很快又组建了新的家庭。

东东的父亲目前对他有求必应，主要是物质要求的满足，东东在母亲那里得不到的东西，在父亲那儿能轻易得到。

东东的母亲非常要强而且能干。她脾气急躁，自从得知丈夫有了外遇，一直表现得情绪不稳定并时常与丈夫争吵，夫妻之间不断爆发冲突。

尽管如此，起初东东的母亲还是竭力想要挽回局面，包容丈夫。她努力工作，替丈夫还清了一笔数额不小的债务，同时继续"纵容"丈夫在外吃喝玩乐、不务正业。她延续了前婆婆对东东父亲的溺爱，好似带着两个儿子生活——一个是东东，一个是东东的父亲。她身心俱疲。

其间，东东的父亲曾向她忏悔，表示愿意回归家庭。她尝试去原谅他，就像原谅一个犯了大错的孩子。直到丈夫婚外私生子的降生彻底撕碎了她的幻想,她这才下定决心离婚。

目前,东东的母亲一个人带着孩子,从事一份辛苦忙碌但收入颇丰的工作。因为长期过度劳累,她的身体状况每况愈下,并且伴有经常性的失眠和不明缘由的身体疼痛。

▲歇斯底里的哭泣

按常规,孩子进入基地治疗时,我们会在办完入院手续的第二天为他们分配心理医生,心理医生接手治疗后首先要和家长面谈一次,但东东父亲没来,母亲因出差不能耽搁太长时间,把孩子送来的当天就匆忙离开了。一个单身妈妈,一边需要谋生,一边养育孩子,这的确不容易,可是这样的无奈必然会影响东东的成长。

初到基地,东东的情绪还比较平稳。但3天后他便说想给妈妈打电话,因为在家时,每次放学回来都要先给妈妈打电话,不管妈妈在哪儿。我问他如果打不了怎么办,他说:"我会发飙的。"

我还没来得及琢磨他会怎样发飙,结果东东话音刚落,便没有任何征兆地号啕大哭,鼻子眉毛全挤成一团,脸涨得通红,大张着嘴吐着粗气,眼泪唰唰地顺着眼角往下淌。

这多少有些让人猝不及防,东东的神态和动静完全不是少年的哭泣,而是像个婴儿那样,只是哭声要嘹亮和高亢很多。

他哭得非常专注,声浪一浪高过一浪,我说什么他可能也听不见,更何况这时候任何语言都是多余的。

他的双手趴在桌上,头却微向上仰。我轻轻把手覆盖在他的手上,然后握住,用我的双手包住他的手。他没有拒绝,而是很配合地把手蜷起来,乖乖地躲在我的手掌里。接着他眼泪汪汪地看着我,又哇哇地哭了好一会儿。我沉默不语,一直握着他的手。慢慢地,他终于平静下来了。

他带着哭腔问我:"我能打电话吗?"

我没有回答,而是笑着说:"你看看,刚才你一直在哭,整栋楼都快被你震塌了,我都不知道出什么事了,别人不知道还以为医生关起门来把你暴打了一顿呢,我多冤哪!"

东东听见我的话,突然被逗乐了,扑哧一声笑了。真是个孩子!

我问他:"现在咱俩能说话吗?"

"能。"

"好,那我听你说。"

"我……我想妈妈!"

"想妈妈想得哭了?"

"不是呀,你不是不同意我给妈妈打电话吗?"

"你有话想对妈妈说?"

"我想回家,不想在这儿待了。"

"嗯……可是治疗刚开始……"

"妈妈答应我的,让我先到这儿来试试看,不想待了就给她打电话,她会来接我回家。"

"不想待的原因是什么?"

"我想喝可乐，我在家都不怎么喝水，天天喝可乐。可这儿不让喝，还有薯片也不让吃，反正有很多不适应。"

"这是摆在你面前的大困难吗？"

"也不算吧……"

"看来是小小的困难。那你说，像你这样的大男孩，有些小困难都不能克服，我应该让你回去吗？你打电话的目的就是要回家，我能让你打电话吗？"

"……"

"其实对于你来说，克服这些小困难都不是问题！咱们来试试看吧，好吗？"

这一次治疗，我转移话题，拒绝了他的要求。虽然当时东东情绪平稳地走出治疗室，但他似乎被我的问题问蒙了，我认为不需太长时间，他的情绪又会有大的反复和波动。

果不其然，第二天东东就对我说："医生，我真的做不到呀，你就让我打一个电话吧！"

我拍了拍他的肩，笑着说："不是做不到，我知道你还没开始做。"

在接下来的将近10天的时间内，不管是正常的治疗时间，还是我偶尔出现在基地别的地方，只要他看见我，就像一个"小跟屁虫"似的跟在我身后哭喊着要打电话："求你了，你让我打电话吧，我想我妈妈，我妈妈肯定也想我。"

我就像一个大恶人一样"残忍"地拒绝了他的请求。除此之外，他只要在基地能够看见人的地方，就会痛哭流涕，逢人就委屈地说："我只想打个电话，都不让我打。呜……"在基地的临床医生、护士、教官等所有的工作人员，还有来基地咨询的家长，都见过他哭泣的惨状。

同时，他对于打电话的要求也逐渐在降低，从起初的"打电话回家想让妈妈接我走"，到"我只想听听我妈妈的声音"，再到"我不给妈妈打电话，你让我给外婆打一个总行吧"，最后降低到"要不你给我妈打电话，我在旁边看着就行了，我不说话"。

可以想象在他的日常家庭生活中，他靠软磨硬泡和眼泪这两种武器就能获得一些愿望的满足吧！

对于他强烈的要求，如果在治疗室里，我会让他自由地哭，等他哭累了以后，我们才开始交流。交流时，他一般是倾诉童年时期在家和学校的种种不快乐；如果在治疗室外，我只是淡淡"哦"一声，表示我听见了，不做任何反应，也不向他做任何解释。

我拒绝他的态度非常坚决，没有一点含糊其词的成分，但方式却不愠不火。虽然我始终没有答应他的请求，但我们之间的关系没有被破坏，只是他偶尔会埋怨我。东东埋怨的模样也是大不相同，有时带着哭腔，脸上却有笑意，语气像在撒娇；有时候情绪激昂、眼泪横飞，好像我非常对不起他。

我想，通过治疗，他会了解到，医生能理解他现在的种种表现，但不能任其发展下去，并且他自身确实存在许多不适当的行为表现。当然，所有治疗活动只能在他情绪平静的时候开展。

可能你们这时很困惑，为什么孩子这么一个简单的要求，我都不能满足？我是不是太不近人情了？

其实大多数孩子来到基地治疗，更多的是出于父母的愿望，而不是孩子自发产生治疗的想法。从基地环境的设置到治疗的环节，网瘾患者的住院心理治疗和普通意义上的心理治疗有很大区别，甚至会有完全相反的治疗手段。一般患者住了两天之后都会想回家，这是再正常不过的了。

来到基地，孩子首先会有戒断反应，因为基地没有电脑可玩。其次在生活方面，基地不可能像在家那么舒适和自在，孩子必须坚持规律的作息时间，早睡早起，不允许吃不健康的食品，比如可乐、薯片等。这是因为这些食品会使体内铅等微量元素的含量升高，而铅含量对情绪变化会有负面影响，而且从目前基地的统计数据来看，大部分患者在日常生活中对高糖食品的摄入量较大。最后，大部分患者都表现出对家庭的过度依赖，在治疗期间暂时断开这种依赖，孩子必然会表现出不适应，但这样才能帮助孩子增强自我克服困难和处理问题的能力。

▲我不想长大

东东的眼泪是有含义的。通常情况下，只有婴儿或年龄较小的孩子在遇到困难或需求得不到满足时，才会采用大哭的方式来解决问题。而年龄稍长的孩子会对自己的行为方式有所考虑，可能学会饮泣吞声，对自己的不满有所掩饰，不会像年幼孩童一样不分场合地大声哭闹。因为人在成长过程中，应付事情的方式会变得越来越成熟，人格也会循序渐进地走向成熟。

单亲家庭的形成过程对多数成长中的个体是一种心理挫折。心理研究发现，年幼儿童较年长儿童因父母离婚而经受到的心理压力更大，受到的影响更多。2岁以下的儿童没有自我意识，无法体验到复杂的人类感情；他们致力于学习人类生活所需的基本技能，如讲话、吃饭等。当儿童长到2~6岁时，开始去托儿所、幼儿园。这时他们会把自己看作一个"原因"，能对周围环境产生"结果"。他们能够体验人类的复杂情感，产生最初的道德感。如果此时父母离异，会使他们对生活感到焦虑，同时会阻滞他们的身心发育。处于小学阶段的儿童开始理解父母之间的事。他们常因无力阻止父母之间的战争而感到内疚。他们充满幻想，期望父母重归于好，父母的离婚无疑会给他们沉重的打击。他们容易和其他的孩子格格不入，会在课堂上无法集中精力、胡思乱想。

可想而知，父母离婚时尚且年幼的东东根本不知该如何去面对和接受家庭的分裂。父爱的失去、母亲对父子相见的干涉，都给他造成了强大的心理压力。他还没有能力去理解成人世界里的情感到底起了怎样的变化，只能采取消极的心理防御机制——退行，以暂时求得心理平衡。

在治疗中我们发现，东东的退行不仅表现在他的眼泪上，还表现在他的贪食、嗜睡、爱看幼儿类动画片，以及无法排遣与母亲的分离焦虑等方面,这正应了著名心理学家弗洛伊德的观点:内心的矛盾冲突往往会使个体退行到口唇期,表现出贪食、嗜饮等症状。由于贪食,东东的体重已远远超出同年龄标准体重。

在很多单亲家庭中,孩子也可能采取压抑或否认的心理防御机制,有意识或无意识地回避或拒绝承认那些使他们感到焦虑痛苦的事。东东采取的是退行的心理防御机制,让自己像一个孩童一样拒绝长大,甚至放弃已经达到的比较成熟的适应技巧或方式。在高应激水平下东东必须恢复使用婴幼儿时期的心理机制才能维持情绪的安宁状态,重新获得心理的平衡,这样便使得其心理发展落后于生理发展。

这种退行现象,在各年龄阶段均可看到。它在短期内可缓解不良刺激的持续作用,有助于应对压力。但从长远意义上来说,一个人遇到困难时,如果常常退行,使用较原始而幼稚的方法应对困难,或利用自己的退行来获得他人的同情和照顾,以避免面对现实问题或痛苦,就会导致心理问题。因为退行毕竟是一种逃避行为,不是勇敢面对困难、解决问题。况且不成熟的行为往往会无法避免地让困难变得越发不可收拾。

著名的心理学大师荣格曾说过,每个人身上都有儿童原型。因此,退行、幼稚化行为在每个人身上、在某个我们感觉痛苦不能承担的特殊时刻,都或多或少地存在着,让我们的心灵感觉更舒适,只是表现程度有所不同。但任何事物的发展都有其度,当超过这个标准时就应引起人们的注意。同样,当东东的退行程度达到妨碍他人格正常发展的警戒线时,就要引起重视了,所以在治疗上我也有的放矢地就这方面对他做了一些相应的引导。

另外，让东东不想长大的因素也有一部分是来源于他的父亲。毫不夸张地说，在离婚前，东东的父亲对孩子基本不闻不问，每天忙于自己好玩好赌的生活，他自己就是一个没有长大的"大孩子"，等着其他人来为他的生活负责任，而从来没有想着为别人付出。他更多地在乎自己的感受，渴望快乐和享受，却不去忍受成长的痛苦、孤独和寂寞，心智就像永远停留在婴儿期，这样自然会使家庭生活和情感走向破裂，也会使卷入其中的人遭殃。

同时，东东的母亲控制欲很强。起初她把丈夫对她的强烈依赖误解为爱的表达，其实依赖与爱之间有天壤之别，如果你像疼爱一个孩子那样疼爱丈夫，他不一定会那么乖，这个任性的"大孩子"总会做一些让"妈妈"生气的事情。

离婚后，东东的父亲心生愧疚，恨不能把更多食物塞进孩子嘴里，为他买衣服和玩具，对东东有求必应，但在情感上投入不够，更谈不上思想上的交流，对孩子学习、生活、交往中存在的一些问题依然不予重视、漠不关心。这种补偿式的爱只会妨碍东东心智的成熟，并不能真正重新培养出父子间正常健康的亲子关系。如此做法是出于东东父亲本人的需要，而不是为了满足孩子真正的需要。他需要让自己的良心得到些许的安宁，客观地说，他只是任性胡为，但本性并不是十分糟糕。

孩子还得到了另外的补偿：东东的母亲觉得孩子可怜，需要适应家庭情感的变故，因此她从来不舍得让孩子做家务，全由自己或者东东的外婆包办代替，所以东东的生活自理能力和个人行为习惯极差。

东东来基地治疗时正值暑天，他经常好几天不换衣物，需要在工作人员的督促下才洗头洗澡，更不会自己清洗衣物。他指甲盖里藏满黑泥污垢，经常抠挖鼻孔，脏乎乎的手来回地在脸上和身上蹭。有时候东东把换下的衣服又拿出来穿上，带着一身难闻的气味也浑然不觉。因此，基地在对其不良生活行为的矫正上，比对别的孩子付出了更多精力。

东东第一次在治疗室哭的时候，我表现得温柔可亲，而且会哄他开心。治疗结束时，他确实感觉不错，但我不能让他对此上瘾。如果放纵东东，当他心情不好、想要哭泣的时候，他会习惯倚靠在我的肩膀上，可那样一来，他自己的肩膀何时才能承担一些事情呢？所以在后来类似的情景中，我慢慢地任由他哭泣而不去关注，或者打开治疗室的门出去几分钟再回来。我出去的时间很短暂，好几次等我转身回来时，他已经平静地纹丝不动地坐在原地，眼泪似乎神奇地被吞回去了。

其实这样的做法对于我来说，也是个不小的考验。当东东眼泪横飞地向我哭诉时，我不可能像个没有感情的木偶无动于衷，而是会本能地同情他，想要保护这个受伤的孩子，想倾听他的诉说，想尊重他的表达和抚慰他的哀伤，可这些反应只会鼓励他继续滑行在自己设置的悲伤的轨道上。而我的目标是让他学会脱离这条轨道，让他明白没必要每次遇见困难都像灾难降临，让他能够感知到自己情绪的强烈爆发在某些时候是不合时宜的。

当孩子无助的时候，心理医生也没有现成的解决方案可提供，能做的就是引导他自己找到一种责任，这种责任就是——自己要懂得帮助自己，主动寻找解决问题的办法，因为没有人与生俱来就具备独立处理问题的能力。

东东是个聪明的孩子。通过治疗的侧面引导，他慢慢明白了我"冷酷无情"背后的良苦用心，并且努力地学会控制自己和调节自己的情绪。他不再向我没完没了地提打电话的要求，情绪慢慢得到平复，脸上也不再经常挂着泪花。我时常鼓励他，他所有的努力都被我看在眼里，并且得到我的欣赏，这让他很开心。

不过如果受到环境刺激，东东的情绪也可能还会反复无常，但只要情绪波动周期延长，他就取得了成功，就会有更大的希望。

但新问题又浮出水面……

▲敏感脆弱的神经

东东不止一次十分委屈地告诉我，其他来基地治疗的孩子总是欺负他，而且有时情节还较为严重，似乎对他有身体上的虐待。如果真有这种事情发生，那非同小可。我特意去向基地其他和孩子有密切接触的护士和教官了解是否真有此事，但调查得来的情况却是：东东有时会故意去招惹别的孩子，和别人相处不和，但没有发生打架事件。

东东认为自己是个不招大家喜欢的人。他曾说自己从小到大在学校没有一个好朋友，而且经常被同学欺负。每次他觉得自己受欺负了就找妈妈，希望妈妈能帮助自己解决问题。学校的老师也会说一些伤害他的话，认为他是个惹是生非的孩子。

所以他不止一次地问我："你说我是不是很招人讨厌？"他这样的问话也是有渊源的。

当初父母离婚时，很多同学的家长指着东东对他们说："你不要和他玩，他爸不是好东西，东东肯定也不好。"更可怕的是，东东的父母从前不仅是同学，还是同事，而且他们居住的小区又是单位的房子。东东一家发生家庭变故后，众人皆知，他的父母成了小区的"名人"，也成为别人茶余饭后津津乐道的谈资。小区里经常有人在背后对他们一家人指指点点，整个环境氛围就像一张无形的网，黑压压地笼罩着东东稚嫩的心灵。他承受着人群对自己无情的抛弃。

正因如此，母亲带着东东到了另外一个城市重新开始生活，但东东在新环境下仍感到孤独。他认为老师或者同学说的不好的话似乎都是在针对自己，为此他会为他们说的一句话痛苦很长时间。虽然他内心深处渴望交友，但接触时间不长便会开始怀疑同学不是真心喜欢自己。东东始终把自己放在一个被所有人嫌恶的位置，觉得所有人都对不起他，时常自怨自艾："我不知道为什么人家一和我接触就想欺负我！为什么就欺负我呢？还不是看我好欺负。""为什么所有的事情都和我作对?!"在他的字典里始终只有悲观，他看不到事物的正面。

东东希望交到好友,希望有人关注自己、发现自己存在的重要性,可如何才能让别人另眼相看呢?东东选择了在课堂上所有同学都静悄悄的时候突然发出怪声、扔纸团,或者突然冷不丁唱出一句歌词,偶尔也会在全班同学面前起哄指出老师的问题。他的本意是不想做被大家遗忘的人,可结果他总是被老师批评并公然表示对他的厌恶,被同学们笑话。

有时候,老师批评完东东,他会难过好几天,好像不太能理解老师为何那么生气。他喜欢看见同学们被自己逗得哄堂大笑,觉得自己产生了些影响力,像水中的波纹在教室里慢慢晕开。即使他能让同学们爆发出开心的笑声,他依然没有收获好朋友,换来的只是有的同学偶尔拿他当开心果逗乐,有的同学则离他更远了。

这样的情况自然也传到了东东的妈妈那儿,她去学校向班主任老师说明了单亲家庭的事实,希望老师能够对东东有更多关爱。但这并不能让这位老师有所领悟,像东东这样学习成绩全班垫底、不懂收敛行为、在课堂捣蛋的孩子,如何让人能爱得起来?

老师对于东东也存在一些误会。她把东东在班上对着她扔纸团等哗众取宠的行为理解成对她的不尊重,是对她个人具有侮辱性的举动。我们发现,不少处在青春期的孩子会对老师出言不逊,其实这只是叛逆的需要和表达,而不是对这个老师的个人人格予以否定,所以老师可以适当降低这方面的敏感度。

东东的老师没有考虑到自己的态度会加深同学们对东东的排斥,没有从东东反常且又令人反感的行为中寻找根源,也没有体会他内心深处的孤独。其实，她不仅是位老师，也是位母亲。无论是扮演这两者中的哪种社会角色，她都应该对东东表示同情，让爱心和母性散发出温馨的气息，即使是一丝的芬芳，东东的心里也会因此对他人有更多的情感和信任。

当然，东东敏感多疑的心态并不是老师造成的，但她没有提供作为老师本该提供的支持，而是让孩子内心能感受到的人情味更淡薄了。一个合格的老师不仅应该拥有娴熟的专业教学技能，还应该能够读懂和聆听孩子的心声，通过观察他们的行为方式、与他人合作的能力、专心注意的能力，看出他们的孤独感或者想得到别人支持的欲望，分析他们对学校失去兴趣的原因等。

通过对东东情况的了解以及对他的心理分析，我判断他所说的在基地受欺负的事情有夸大的成分，这背后的原因有二：一是他想引起更多关注；二是他可能和别的孩子有些摩擦，虽是小事但在他心里的分量却很重。

东东的人际交往能力很差。在孩提时对家庭的记忆里，他没有感受过人与人之间的良好合作之道。婚姻关系本身也是一种人际交往方式，东东最先感受到的人——父亲和母亲之间的合作交往在他2岁时就出现严重问题，他们自然无法教会东东如何合作。

当父母离异后，东东被同学疏离，感觉父母的离婚很不光彩，好像父亲干了坏事一样，自己也被人歧视，内心非常自卑。他不由得总怀疑别人在背后议论自己、嘲笑自己，这种实际存在或臆想的社会评价压力，使东东对人产生强烈的怀疑和极度的不信任，也导致了他现在多疑性格的形成，并在人际交往中表现出神经过敏的症状。

不管在何时因何事受到批评，东东总认为是自己不好。在别人笑的时候，他认为他们就是在有针对性地笑话自己，他总担心自己是不是又做错了什么事，并且感到自己不如别人，因此悲观失望。同时，他的学业也一直一塌糊涂。他觉得对不起妈妈，还把学习的失败归因于自己的无能，产生不安、内疚、失望等消极的情绪体验，心理处于失衡的状态。

他的这些症状在团体治疗的过程中表现得格外明显。由于缺乏与人交往的技能，他经常刻意表现出一些与众不同的行为并且制造混乱，在惹人注意的同时也减弱了团体治疗中其他成员对他的尊重。他把一切归咎为"我是不招人喜欢的"，并委屈地告诉所有人这个结论，没来由地怨天尤人。

团体治疗的方式有别于治疗师与患者一对一的治疗方式，它所提供的社会性情境为参与治疗的患者提供了学习与人沟通和理解的机会——患者能够在一个团体中去观察和实践人际交往技巧，学习如何进行人际沟通。

▲对人的恨意

东东曾经说过："我有时在路边看见一只流浪狗都会哭，可我看见乞丐只觉得讨厌，还想踹他两脚。"看起来，"人"在他的记忆里根本没有留下任何好印象,包括和他最亲近、最爱他的妈妈——东东在内心深处对她是爱恨交加。

他曾经呜咽着说:"我不能对我妈妈没良心,不能觉得她有些地方不好,可她总是骂爸爸,她为什么要和爸爸离婚呢……不过爸爸也不好,小时候从来不管我,呜呜……我不能恨我妈妈,否则我太对不起她了。妈妈很可怜,为了帮家里还债很辛苦,还落下一身的病,经常很难受的,那你说我还能怪谁,呜呜呜……"

东东2岁时,家庭气氛开始紧张起来,到处充满了火药味。他经常看见父母互相指责、争吵和砸东西,争吵的时候两人谁也不会把注意力放在孩子身上,唯有当东东受了惊吓大声啼哭时,父母才意识到家里的动静太大了。

但有时候家里却又安静得可怕。父亲可能神秘失踪好几天。他作为养护者之一,却像是个陌生的符号,挂在东东心里。有时父亲在家睡懒觉,东东走过去,希望他能够抱抱自己或者陪自己玩,可父亲似乎视而不见,没精打采地撩起眼皮看他一眼,一转身便又鼾声如雷,东东只能失望地走开。

如果父亲此时能及时恰当地回应一下孩子寻求关注的努力,东东在那刻就会相信"我是可爱的"。然而父亲完全忽视他所发出的信号,这使他认为"我是讨人嫌的",这样早期父子间的不安全的依恋关系无疑会影响东东对未来人际关系的期望。由于自己的努力总是不能唤起父亲的关心,他便逐步丧失对人的信任,致使他在以后与人构建亲密关系的能力和动机上存在障碍,因为他害怕自己在亲密关系中受到伤害（身体上的或者精神上的），也担心自身无力承担这种伤害。

这样的家庭氛围一直伴随着东东，而且从父母不和到父母离婚的这期间，母亲的许多精力耗在与丈夫的纠葛中，东东不定期地住在爷爷奶奶家或者外婆外公家。且不论隔代教养对东东产生的不良作用，更重要的是，母亲也在感情上疏远了孩子。东东在这种失常的生活之下，深切地体会到"被抛弃"的感觉。

东东偶尔听见妈妈在和爸爸吵架时，愤怒地说："如果不是为了孩子，我早就……"东东认为自己是个多余的人，难怪谁也不喜欢他。东东继续感伤地联想："连我的父母都这样对我，其他人还会待我好吗？"他觉得"人"是令人恐惧的东西，他开始用怀疑、冷漠、仇恨的眼光看待周围的世界。最终父母还是分道扬镳，东东的失望又加深了一层。此外，东东感受到的父爱本已极其微弱，可就对这点仅存的父爱的希望都受到了威胁，因为妈妈告诉自己："爸爸不要你了，他又有了新的儿子。"

东东忧伤地感觉自己似乎不止一次地被遗弃，同时还看到父母之间相互敌视。听到妈妈恶意攻击爸爸，说爸爸不是好人，东东怎么可能再去相信人与人之间会有良好的关系存在呢。这种不信任就像细菌滋生似的扩展和蔓延，变为无条件的不信任，对同学、对老师、对所有他能接触到的人均是如此。对东东而言，这个世界是一个不安全的世界，在这样一个复杂的世界生存下来，想想都觉得可怕。

他始终不明白：自己明明是最无辜的人，为什么却要承受这么多心灵的痛苦，为什么要为父母吵架而担惊受怕，为什么不被关注和喜爱，为什么爸爸做了错事却要我忍受他人的责难，为什么父母离婚和我有关系……这一肚子的怨恨他找不到答案。他能去怨恨父母吗？这样不仅会让自己的内心多一层负罪感，而且也会让自己更孤独无助。

▲爆发

从小到大，东东在学校一直很胆小，即使有人欺负他或向他挑衅，他也只是默默忍受，从来不和人打架。从初中开始，东东的身体长得越来越结实，个头也越发高大，他感觉总有股力量在自己身体里蠢蠢欲动，一旦有人招惹自己，那种力量便喷薄而出。他第一次在班上打一个同学，是因为那个孩子说："你妈怎么生出你这样的傻子！"东东疯了似的冲上去，拿自己的头撞那个孩子的脸，猛撞了十多下，自己的头都破了却浑然不觉，对方的牙和鼻子已经被撞得鲜血直流，血乎乎地粘着东东的头发。但东东仍然觉得不解气，像红了眼的猛兽一样把对方掀翻在地，抬起脚来往那位同学身上猛踩。两名男老师赶来劝架，才把疯狂怒吼中的东东拉开，之后东东还一直咆哮："放开我！让我打死他！"东东这次玩命的战斗让那位同学多处受伤，肋骨都被踩断了。同学们对于东东疯狂的行为根本没有反应过来，因为那时的他简直和平时的他判若两人。

一般来说，受到父母婚姻破裂冲击的孩子会体验到各种复杂的情绪：愤怒、负罪感、恐惧、怨恨、悲伤等。离婚带来的一系列丧失使孩子内心缺乏安全感，而孩子也会憎恨父母的行为不顾及自己的成长和感情，安全感的破碎和怨恨会激怒孩子。

有些孩子直接通过对抗或反社会行为表达出来，但有的孩子可能因为害怕更大的丧失而暂时强行压制愤怒，但对怒气和恐惧的压抑反而会产生更强的反作用力。这类孩子在自我感觉弱小时，通过想象攻击场景纾解负性情绪；但在受到伤害忍无可忍时，他们会做出不计后果的攻击甚至恶意报复，以此来发泄心中长期压抑的不满。所以说，离婚给孩子带来的情绪障碍和情感障碍是危险行为的诱发因素，需要引起关注。

同时，父母之间如有较深的积怨，孩子就会受到来自双方的折磨。听到父母中一方对另一方的诋毁之词，孩子常感到必须认可某一方，与此同时，他们内心又希望与被诋毁的另一方加强爱的联系。这种矛盾不仅导致信任缺失，也导致了孩子的负罪感。许多负面情绪都在孩子的幼小心灵里留下创伤。他们内心深处充满了对各种无形的社会压力的担忧。当他们遇到一些实际困难时，情绪和情感上的变化会表现得更加强烈。

不过，人只要一生下来，就拥有保护自我和发展自我的权利。一个人即使在生命的早期遭遇了巨大的不幸，在成人以后也会拥有决定自己命运的自主权，有选择和改变自我状况的可能性。虽然一个人无法选择自己的家庭和小时候的生活环境，他的早年经历可能给他的心灵留下沉重的阴影，但当他自立以后，还是能通过自己的努力改变命运的轨迹。

▲离异家长的责任

"回忆一下，生活中有没有什么开心的事？"我问东东。

"没有！"

"再想想？"

"我在学校就是被人欺负，都是不开心的事。"

"那和妈妈在一起呢？"

"我告诉妈妈我被同学欺负了，她也不理我，说自己的事自己解决……有的时候，我考得不错，妈妈也不夸我，只是轻轻地笑一下，我感觉就像在应付我，那个样子我挺不舒服的……

"现在外婆跟我们住在一起，她一天到晚唠叨。妈妈说，外婆不管说什么我都必须听，不对的也得听。可有的时候妈妈也被外婆说，妈妈自己都不听外婆的，会对外婆说：'你不要管那么多……'

"而且有时候妈妈不听我说话，我说什么好像她都不相信。外婆、妈妈和我的脾气都很急，说不到两句就发脾气。有时我不听她的话，妈妈就会躲在自己房间哭。看见妈妈哭，我心里又软了，可我自己也挺委屈的，我也会哭。"

……

东东像竹筒倒豆子似的说了很多内心的委屈。

在父母离婚过程中,孩子内心会有许多"恐惧"。尽管他们害怕父亲抛弃自己,但更担心母亲也会有类似的抛弃行为,所以在父母离婚后,东东在与母亲的相处中也极其敏感、缺乏安全感。单亲母亲必须要调适好自己在经历情感灾难以后的心理状态。如果她依然沉湎于自己的伤痛,情绪低落或者易怒,必然会忽略孩子的伤痛,削弱自己冷静教育孩子的能力,更何况年幼的孩子还期望母亲给他带来生活的力量。

离异家庭的家长应该善于觉察自我。如果你发现在很长一段时间内都不能走出心里的困境,同时又感受到承担抚育责任和参与社会工作的沉重压力,我建议你迅速去找专业的心理医生修复自己受伤的内心,以免延续创伤的体验,使家庭氛围处于失常状态,贻误对孩子的教育。

如果家长自己不能率先在创伤中成长起来,恢复阳光和温暖,又怎么能够让遭受家庭变故的孩子重新感受到家庭的温暖呢?

另外,切忌产生把孩子交给长辈或学校就万事大吉的想法。东东的母亲对孩子敷衍了事,没有觉察自己的言行对孩子产生的影响,也没有在孩子应该得到肯定和鼓励的时候给予应有的积极关注,孩子无疑会失落沮丧。所以家长不仅应该关心孩子的生活,更要注意关心孩子的思想情感变化和与外界的交往。这也对家长提出了更高的要求,就是要对孩子传达的言语和行为信号保持敏感度,重视他们真实的表达,慢慢找到开启孩子心扉的金钥匙。

⬢ 寻找失落的太阳

东东在大段地叙述完对妈妈的埋怨后,忽然话题一转,紧皱的眉头舒展开来,笑着说:

"我不开心的时候就上网玩游戏。我家刚搬到 A 城时,和同学都不熟,还没怎么被他们欺负,就玩得少些。可时间一长,我又被欺负。老师反正也不管我,所以我上网就更频繁了。"

"妈妈不管你吗?"

"她工作很忙,经常很晚才回来。如果她在家,我就不上网,不过她很少在。"

"网上有人欺负你吗?"

"我跟他们又不见面,有时候他们会在里面对骂,我也会参与。最开始我看见别人玩,觉得很有趣,因为我看着游戏里那优美的舞姿就不会想那些不快乐的事情了。后来我慢慢地迷恋上了游戏,技术也提高了不少。我发现许多人都在上面找自己喜欢的朋友,找快乐,于是我也动心了。"

东东说的游戏是《劲舞团》,这款游戏一般为年龄偏小的孩子或者年龄稍大但思想偏幼稚的玩家所选择。《劲舞团》是一款舞蹈类休闲网络游戏,该游戏由可爱帅气的卡通人物造型、华丽的舞姿、生动活泼的场面、绚丽的服饰等元素构成。

这款游戏的画面风格比较轻松,采用了日韩卡通的一贯设计元素。游戏还给玩家提供了寻找个性自我的机会:其一,玩家经过游戏能得到D币，并可以使用D币去游戏商店购买自己喜爱的服饰和发型，打造独具个性的形象；其二，热舞场所也可供玩家自由选择，如影院、热带岛屿、Hiphop街头等。

《劲舞团》收录了具有代表性的劲歌金曲，其中包括各种世界名曲和玩家耳熟能详的流行歌曲，大部分节奏感较强，适合年轻人的口味。通过键盘操作，玩家能让角色伴着这些乐曲起舞。

东东看见《劲舞团》就像突然发现了一个能让自己快乐的魔盒，不开心的时候就打开它自娱自乐。因为他能够真实地参与和投入到游戏当中，这比动画片更让东东感到开心。他最喜欢的是游戏里精彩的特写功能，在多人同时进行的游戏中，如果自己获得的分数最高，那么全场观众的目光都会聚集在自己这个舞台主角的身上。

东东在游戏里痛快地秀出自己。他一改往日的自卑，自信得像个翩翩小王子。

让东东感到开心的还有游戏里的聊天系统，玩家之间通过聊天平台可以交流自己的心得感悟，交流在现实生活中的快乐与悲伤。事实上，东东通宵达旦时基本没有在游戏里跳舞，大多数时间是在和同龄人聊天，排遣孤独和寂寞。

从音乐的角度来看，音乐的组织形式和结构，特别是音乐的节奏，可以帮助一个人组织自己对外在世界的感知。一些儿童的内部世界常常是迷惑混乱的，感受音乐有序的结构对他们来说是种有益的体验，可以帮助他们从混乱中解放出来。不言而喻，东东在《劲舞团》里各种放松的体验都是伴随着音乐带来的愉悦感进行的。虽然音乐本身对人是种有益的体验，但如果长时间地接受刺激就会有负面影响，东东若对其过度依赖，就会助长他对成长路途中痛苦的逃避行为，影响正常的生活秩序。

在整个治疗过程中，我与东东的父亲始终未曾谋面，尽管我在电话里再三要求他来基地与我面谈，但他均以工作为由拒绝了，并对东东母亲把孩子送来寻求心理医生帮助的行为感到不能理解。我只好在电话里和他交流。说是交流，倒不如说是对他进行个体治疗。他根本没有意识到：不仅是婚姻解体、他另有子嗣伤害了孩子，而且他自身的很多行为，比如缺乏责任心和对孩子长时间的忽略，都伤害了孩子。

我们常说单身母亲应该注意对孩子的男性性格特征的培养，让孩子有充分的机会接触男性家长，这样才能努力把离婚带给孩子的不利影响降到最低。但说实话，东东父亲是否能作为男性形象的榜样、能够从多大程度上让孩子模仿、能够教会孩子多少男人应有的责任和处事规则，对此我持保留态度。我竭尽所能向他传达了一些治疗后的建议，而后也只能祈祷这个糊涂的人早日醒悟。

孩子出院时，我第一次与前来接他的母亲见面。乍看起来，她是个乐观开朗、大大咧咧的坚强女性，但一到治疗室，当我们把话题铺开，她就逐渐松弛下来，情绪变得脆弱，泪流满面地诉说她这么多年来所经历的种种不如意、命运对她的不公正。我仔细倾听了她的哭诉，时而回应并安慰她，等她情绪稳定下来后，我提出了针对东东的心理障碍需要注意的教育细则，建议最好能让孩子和外婆分开居住，并且回到当地后让孩子继续接受门诊的心理治疗。

在后来的随访中我了解到，东东的外婆回老家了，东东母亲带着东东生活，安排了更多在家里和孩子共处的时间，尤其是在晚上和周末。根据我的建议，他母亲去东东就读的学校和老师进行了一次详谈，就东东不当的言行举止等方面与老师做了一些沟通。东东父亲也履行了自己在电话里对我的承诺，每周至少看孩子一次，带他出去玩耍，而不只是带他疯狂购物。

此时的东东已经不玩《劲舞团》了，他经常看动画片和《幽默大师》之类的杂志，还参加了跆拳道训练，顺带减肥。他情绪控制能力比以前有所进步，已经学会有意识地放松自己，开始自己洗些小物件。不过，他还是会对母亲说有人欺负他，他没有交到好朋友。就让我们耐心面对吧，假以时日，东东一定可以迎接更健康的人生。

个案启示：女人味不是妈妈味

婚姻和生子是人生大事。一个人婚前不仅要慎重择偶，更要拷问自己是否也做出了同样的努力、是否已是一个有资格成为父母的人。

在婚姻中，一般女性都希望丈夫有男人味，可是作为妻子，她们有女人味吗？在这里，需要特别指明，女人味不是妈妈味。有一部分女性在婚姻的道路上走着走着就变成了母爱泛滥的角色，为家庭包揽了几乎所有的大事小事，大到购房装修，小到端茶倒水。她们凡事亲力亲为，一个人身心俱疲地带着"大儿子"(丈夫)和"二娃"(自己的孩子),而且觉得这样的自己伟大、能干,沉醉于自我感动。她好吃好喝地供着丈夫,任他闹,任他笑,放纵他的脾气,包庇他的懦弱,对他百依百顺,让他在家里做个甩手掌柜,凡事都依赖自己,一手促成丈夫的退行,最终甚至把丈夫"养成"了一个无情无义无能的人。一方面,丈夫在家庭生活中未能发展作为男性照顾他人的能力,更未能担负起应有的责任;另一方面,妻子却沉醉于"被依赖"所带来的安全感和价值感,满足于自己对生活和对身边人所谓的控制感。当一个家庭中出现这样的问题并给孩子带来负面的影响时,父母双方没有一个人是无辜的。

临床经验显示:女性最容易出现的问题就是控制欲太强。这类女性或者太爱管事,或者成日念叨,在生活中对所有事情都过于主动和投入,一颗心一刻不得清闲,鸡零狗碎的事弄得自己也是七零八碎。这类女性可称为"有妈妈味的女性",我在临床上遇见不少。在与她们的接触中,我深感,女性应有一点"静"的智慧——有时候睁一只眼闭一只眼,让对方来处理生活,也许会比自己做得更好;即使做得不如自己,身为妻子,也应给丈夫锻炼的机会,才能让丈夫成长且负责。

有许多父母在这方面就做得非常成功。夫妻二人共同建设生活,虽然从未接受过专业的指导,但他们关爱对方也关爱子女,在欣赏和发展伴侣的特质时也欣赏和发展子女的特质。当然,不可否认,有些人有构建美满家庭的直觉,似乎自然而然就"幸福"了，但我们也可以通过学习，让婚姻和育儿的过程更顺利，让我们与伴侣、与子女的合作更有趣。如果我们享受与家人在一起的时光，那么，我们的伴侣也会感觉到自身作为家庭成员的乐趣和价值，这样才能提升彼此为人夫、为人妻、为人父母的幸福感，让家庭生活朝向希望之光。

成长环境

- 离婚对孩子造成的被遗弃感；
- 社会环境中被人歧视和排挤的人际氛围；
- 学校对孩子异常行为不适宜的应对；
- 离婚前家庭氛围的紧张；专注于情感困扰的父母忽略孩子，并时常将孩子交由祖辈养育；
- 母亲对父亲的过多非议使孩子陷入矛盾和自责；
- 父亲负面的"榜样"作用及父爱的长期缺席，离婚后对孩子补偿式的爱；
- 母亲与孩子间的相互依赖使孩子的心理发展滞后甚至倒退。

第五章
且待逍遥游

本篇叙述的虽然是一个生活在国外的孩子，但也许从文化差异中，从一个"由中国父母教育但在国外环境成长"的孩子身上，更能看清爱慕虚荣、好面子的弊端。我们可以在这些方面引以为戒，在教育上拾遗补漏，做些有意义的完善，从而在未来能少一声遗憾的叹息。

目前基地的统计数据显示，有70%以上的网瘾患者1~3岁时不和父母一方或双方在一起生活。小航父母为了给孩子治疗网瘾专程从国外回来，由小航母亲带其入院。小航6岁前和爷爷奶奶一起生活。母亲生下他后便和他的父亲双双远赴国外深造，留下了嗷嗷待哺的小航。在这期间小航无法享受到母亲温暖的怀抱，对父母的印象只有电话那端传来的遥远的声音。

虽然父母不在身边，但爷爷奶奶对他疼爱有加。小航的父母觉得祖辈过于溺爱孩子，不利于孩子成长，而且他们在国外打拼这么多年，生活也趋于平稳，所以在小航6岁时，便直接把他带到A国，这之后甚少回国。刚出国时，小航非常思念爷爷奶奶，小航母亲便把他们接过来同住了一阵，从此小航一直在A国读书至今。

而今小航的父母都已经在国外获得博士学位，从事着体面的工作，也算是进入了A国的主流社会，汽车、别墅齐备，可在异国他乡，强烈的生存危机始终萦绕心头，使他们丝毫不敢松懈，像是永远无法停下的陀螺。同时，他们在小航的问题上也一直一筹莫展。

小航的妈妈行色匆匆，说话速度较快，随意而又麻利地背着一个挎包，发丝有些凌乱，发型是普通的齐肩短发，衣着朴素简单，远看像是 20 世纪中国的一名普通妇女干部，但近看会发现，她有些疲惫的眼神中透露着知性和执着，清秀的脸庞掩不住顽强的性格。

◇谎言

乍看起来，小航是个乐观阳光的大男孩，外形健康俊朗，时常露出绅士的微笑，与基地的工作人员和其他患者相处融洽。他的汉语口语表达能力有限，语速较慢，经常由于不知用什么词汇来表达而卡壳，但这些都不妨碍他与人交往。同时，他还积极参加基地的军训锻炼，从不偷懒。他的外在表现可能让人疑惑；他来到基地接受治疗似乎是多此一举。

在小航的自我描述中，他的各方面情况都不错，目前成绩在班上属于中上等，而他对自己的成绩状况也比较满意，只是妈妈永远都不满意他的学习成绩。但实际情况是，他目前的学业成绩在班级中属于中下水平。当然，对于妈妈的描述倒是符合实情。

他说自己在上高中的时候转学，是因为对学校的教师不满意，自己不想在那个学校继续就读。事实上，他在该校上学期间经常逃学，不参加考试，有些课程甚至只上过一次课。他转学是因为成绩太差被学校劝退。而且，小航的妈妈一直被蒙在鼓里不知道内情。因为在 A 国，孩子满 18 岁以后，学校便不会继续向家庭通告孩子的学业情况。直到后来,纸包不住火,小航妈妈才一边痛骂小航"你把我辛苦挣的钱不当回事,一天到晚不好好学习",一边火急火燎地把他转到价格昂贵的寄宿学校。

小航还说他在班级里和同伴交往愉快,经常成为同伴间的领导者。他似乎对自己在团体中的魅力很得意,并自我分析道,之所以自己能成为团队领导,最主要是因为自己的自信和幽默,以及良好的外形。其实,他在这所学校的人际状况不尽如人意,这所学校的学生普遍成绩优秀,小航难以望其项背。该校曾给予他的学校评语是"独行者"。小航转学后,在人际关系方面倒是更为活跃,新学校的学生基本上都是富有家庭的孩子,相对学业更为懈怠,在这样的环境里,小航感到的学业压力更小,与人交往的心态更为放松。

不难看出,小航的自我描述和他的真实情况大有出入。在对他进行治疗之前,我和其母有过详谈,对于小航所涉及话题的真实情况我已经很清楚,也许作为一个过度追求完美的妈妈,在评价自己儿子的时候也会有所偏颇,但客观的情况是不能被掩盖的。

小航的妈妈早就为儿子撒谎的坏习惯而大伤脑筋,用她的话说,小航就是"撒谎成性",似乎儿子的高智商都用来编织高明的谎言了。尤其是在学习方面,小航已经习惯性地隐藏一切对他不利的证据。小航撒谎还有一个特点,就是不到最后关键时刻绝不妥协,硬着头皮扛,不轻易松口。他从第一所高中被劝退时,是从被学校警告发展到彻底被请出校门的,但在劝退之前,妈妈居然一直毫不知情,可想而知他做了多么严实的保密工作,其中当然少不了谎言的支撑。那时候他就像个抱着侥幸心理的赌徒,如果被妈妈揭穿了就"算妈妈狠",但还是想着只要能逃过"一劫"算"一劫"。

看来对于小航来说,向妈妈坦白成绩不理想会带来巨大的压力,否则他也没有必要如此处心积虑地说谎。说谎可不是个轻松的差事,有时说一句谎言要用一百句谎言去圆。

哲人罗素曾经说过:"孩子的不诚实几乎总是恐惧的结果。"其实,孩子天性都是诚实纯真的,没有谁呱呱坠地就谎话连篇,但当他发现父母更在乎令他们不满的事情本身而不是诚实的品质,自己的诚实不会给他带来好运,只会引来父母的惩罚,孩子就会开始尝试装假说谎。最初几次说谎,如果没有被家长识破、批评,他就会暗自庆幸和得意,以后说谎的次数会越来越多。

撒谎是人类趋利避害的一种本能。

父母很多时候会被孩子的谎言弄得十分恼火,但他们一方面理智地对孩子强调诚实的重要性,另一方面又允许自己出言不实。一方面,小航的母亲告诉他必须好好读书,因为为了供他上那价格昂贵的寄宿学校,自己已经负担不起其他开销。可另一方面,父母又是买新房又是换新车,这样自然会让小航内心的自责和内疚感打折扣。

小航不停地用谎言来逃避母亲的责备,同时也免去与母亲争吵的麻烦,他一心想要维持生活暂时的、表面的平静。

不过,小航对我说假话,并不是因为迫于压力,而是因为他想努力树立良好的形象,掩饰自己的弱点,向周围的人们展示一个完美的自我。他虽然没有到完全自我封闭的程度,但他的自卑感依然很严重,只是被他努力地掩饰起来而已。

中国人在社会人际交往中注重"脸"和"面子",这代表着人的荣誉和尊严。小航不是在中国长大,但由于和父母朝夕相处,尤其是父母在教育他时最后的落脚点经常就是"面子"问题,从生活的细节他也都能体会到诸如此类的信息。比如说,家里本来就有家庭用车,可父亲还是竭力买了一辆高档的新车。因为在 A 国的中国人经常有聚会,驾驶一辆豪华新车去参加聚会,让同胞们看见,是很有面子的事情,奢侈的物件能掷地有声地证明优越的生活境况。

但让父母难过的是,小航没有给他们挣回什么面子,就像母亲埋怨的那样:"你看人家在 A 国的生活状况还不如咱家,可人家的孩子多争气。中国人生来就比 A 国人要会读书,所以成绩都在学校名列前茅,就数小航差,真是气死人,很没面子的。"听起来,到国外去生活的中国人,比在国内更容易互相攀比,更需要告诉别人自己活得比别人好,自己的孩子比别人的强。

小航受此熏陶,也非常认同依据"面子"进行自我评价并估计自己在别人心目中所应有或占有的地位。为了有面子,他通过形象整饰和角色扮演在他人心目中塑造一个虚假的形象,借用外在的、表面的荣耀来弥补内在的不足,赢得别人对自己的尊重。

所以在治疗中,他强烈要求把入院时基地代为保管的衣物取回。他说希望自己每天换不一样的衣服,正因如此,他回国时往皮箱里塞满了衣物。他的这个要求并不过分,但我一直没有答应他,从治疗的角度而言，一方面我想让他明白即使没有外在的过度修饰，他照样是招人喜欢的，他的虚荣心本身就是可以在治疗中用来探讨的话题之一；另外一方面，小航在治疗初期和我建立的治疗关系显得过于肤浅，我需要打破一些局面来重建深层的治疗关系。

▲变淡的笑容

小航操着不太流利的汉语，面带微笑，似乎有说不完的话，不停谈着他在国外的生活，偶尔卡壳的时候还用英文来辅助表达他的意思。当我翻译出英文单词的汉语，帮助他表达的时候，他像个孩子似的非常开心，连忙说："对对对！就是这个词，我想说的就是这个意思，就是突然不知道用中文怎么说！"

他掌握的中文词汇较为有限，语速很慢，大部分的词汇不会说但能听懂。所以，我们在沟通交流上还是存在一些问题，这也导致治疗有些拖延，影响了我和他在治疗中共同深入问题。在治疗过程中，有时治疗所需的情绪被带出来了，但由于措辞问题，情绪又被转移了，所以我对他需要有更多的耐心。值得庆幸的是小航的悟性很好，而且已经 21 岁，在认知方面也比较成熟，所以有些问题一经引导，他就会去认真思考。

起初，他表现出很强的倾诉欲望，一方面是出于对我的信任，另一方面应该是因为他很久没有在一个四处是中国人的氛围中生活，对一切都感到新鲜好奇。我没有急于去打断他的倾诉欲望。接下来他主动找我的频率越来越高,有时候一天找我好几次。他只要从我的治疗室门口走过,就会推开门,如果没有其他患者在屋内,他便彬彬有礼地问我:"我可以进来和你谈谈吗?"另外,每次治疗时间完毕后,他也不愿意离开,东拉西扯地说一些治疗以外的话题,或者好奇地问及一些我的个人情况,包括我的专业、我选择这个专业的原因、我的感情生活等,并向我建议一起到外面的操场或草地上谈谈话。

关于我的个人生活,我没有向他做太多的回应,只是简单地说了一句:"在这个治疗时段,我们会有很长一段时间在一起,你会慢慢了解我这个心理医生。说不定你将了解我的,比我了解你的还多!"

小航似乎已经有些忘记他来到基地的初衷,更像是回到祖国母亲的怀抱来体验生活,体验不一样的人、不一样的环境。正好在这个阶段,小航提出要拿回衣服,我刻意表示拒绝,也是为了制造一些冲突,凸显治疗的主题,打破目前这"和睦共处"的气氛。

他很不解,依然坚持向我索要衣服,并且想知道被拒绝的理由,我笑着说:"这是我留给你思考的问题。"此外,我也更为严格地遵守治疗时间,杜绝他在非治疗时间内到治疗室里拉家常,谈话内容也不涉及和治疗内容无关的事情。

接下来的几天中,小航的情绪显得比前两天消沉,不再嘻嘻哈哈。他有一次低落地对我说:"都怪我妈让我来,我都不知道这儿是封闭式的,早知道我就不来了。"其实他来之前,他母亲已经征求了他的意见,他也上网查阅了青少年心理成长基地的网站,然后表示同意。可在这个事实面前,一旦他的自我情绪受外界干扰,有了一些变化，他的第一反应就是责怪母亲，完全回避了对"自己决定来基地治疗"这件事情所应该负有的责任。他认为自己虽然曾经登录了基地的网站，了解了大致的情况，但最终这件事还是妈妈一手操办的。

对于小航来说，作为一个走向成熟的青少年，他在发展过程中需要逐渐地将一个独立自主的形象呈现在这个世界上，向所有人表现他的"主体责任感"。他应该认识到要对自己所做的每一个决定负责，但这就需要对自己有足够的自信，能坚持自己所做的决定。

青少年自己决定的事情，有时会成功，有时也会遇到挫折和失败。只有在这样的磨炼中，青少年才能学会行为自主，拥有独立做出决定并坚持到底的能力。这种从挫败中获取的自信和主体责任感在小航身上明显是缺乏的，所以在他开朗洒脱的外表下，隐藏着深深的自卑和怯懦。

如果一个人到成年以后依然没有学会独立和自主，那么他将失去尊严和勇气。

⬢ 学习 = 永远拿第一？

小航的父母千里迢迢、赤手空拳地去到 A 国，没有任何基础，只有一腔顽强奋发的热血和好学上进的精神，在国外把所有的精力都放在拿学位、赚钱、买房子以及其他物质生活的追求上，竭尽全力在脚底下那块不属于自己的土地上建设一些安全感。

他们尽管已定居他乡,但没法改变根深蒂固的东方教育方式。小航的妈妈像要求自己一样要求儿子,依然"望子成龙",希望小航能考上名牌大学,能找到一份薪水丰厚的工作。

小航的妈妈对学习有超乎常人的热情和渴望,她是完全靠自己勤奋好学才拥有了现在的一切。她总觉得人活着最应该做的一件事,就是"读书"。她把学习成绩当成评价一切表现的标准,甚至不允许孩子参与有利于全面发展的课外活动,要求孩子"两耳不闻窗外事,一心只读圣贤书"。

小航读小学时,有一段时间成绩很优秀,他想努力让妈妈为自己感到骄傲,想看见妈妈时常严肃的脸上绽放出认可的笑容。后来,他发现妈妈的希望总是水涨船高,妈妈从来不为自己已经取得的成绩开心祝贺,总是这山望着那山高,拿自己和成绩更好的人相比。

小航认清了真相:妈妈的目标是让他"永远拿第一",自己现有的那点成绩在妈妈眼里简直轻如鸿毛、毫无价值,妈妈的期望是自己怎么努力也走不到的彼岸。想到这儿,他无法再信心十足地向前迈步,不想再为没有尽头、无法到达的目标付出努力。

在小航的印象中,他基本没有与妈妈交流和沟通的机会,妈妈时常焦虑重重,拘谨地专注于很多细节,并放大它们潜在的危害。她以刻板的完美主义对生活当中诸多问题提出质疑,要求小航能够达到她心目中的理想目标。当然,这也是小航的妈妈对她丈夫的期待,但落空的现实只能让她感到失望。小航的妈妈每天工作很忙碌,但总会挤出时间来教育他,他已经总结出经验:餐桌上是个训斥多发地点,进食容易演变成不甚愉快的受训过程。

学习成绩上的落后,让小航在妈妈面前永远抬不起头来。妈妈时常不厌其烦地回忆起自己当年在学业上的优秀表现。她不明白,小航作为她的儿子,为什么不能重现她的昔日辉煌。小航听着妈妈骄傲地自我夸赞,心像蒙上一层灰色的雾:"难道是我真的很差吗?连妈妈都对我看不上眼。"在妈妈身边,小航无时无刻不感到自卑。

关于学习,我们可以考虑重构概念。从小到大,我们已经听了太多类似如下的格言:"头悬梁,锥刺股""宝剑锋从磨砺出,梅花香自苦寒来""书山有路勤为径,学海无涯苦作舟"。在这些信奉"苦学"的教条下,学习的人都像苦行僧,而学校也迎合了这种"苦学"观念,进行高速度、高难度、高强度的题海战术。难道说学习真的就非得是如此艰辛的劳作,知识和快乐不能兼得吗?非得把学生弄得紧张兮兮,让学习听起来都让人恐惧吗?

更何况,不成熟的儿童还没有完全训练出"明知山有虎,偏向虎山行"的顽强意志,当"学习"被包装得像个阴影步步逼近,或者像泰山压顶般沉重,孩子自然胆战心惊。"苦学"逻辑不仅会剥夺学生的学习乐趣与兴趣,挫伤学生学习的动力与积极性,而且对学生的心理健康、精神状态等方面也有严重的负面影响,甚至导致种种病态人格。

从存在论意义而言,学习是一种追求自我完善的行为。个体通过学习，不仅要构建起同外部世界的关系，培养实现某种抱负的能力，而且要努力使自己成为不可替代的存在。

人的天性中就有学习的需求。每个人在还是孩童时，就对世间万物充满好奇，总有那么多的"为什么"要问父母，纯真的双眼里闪动着求知的灵光。可有不少的孩子在勇攀高峰的寒窗苦读中，双眼变得呆滞而又低垂。

什么时候学习才可以不是为了达到出人头地的手段，而是去触碰真理、感受与客观世界互动的方式？

也许要等到有朝一日，生存的环境不再这么等级森严，社会以更为宽容的胸怀拥抱苍生，芸芸众生不再这么缺乏安全感，不再仅仅是想做傲慢的有钱人、高贵的体面人，而有更多人愿意成为快乐的工人、快乐的农民、快乐的服务员、快乐的清洁工……

⬣ 享乐 = 放纵？

因为有身边西方同学的家庭氛围作为参照，而且身处于学校和社会都倡导父母与子女平等相待的大环境下，小航自然觉得自己不被尊重，对母亲的行为更是难以理解。西方家长大多倡导以平等的态度对待儿女，并且注重个人发展。父母不会过多干涉儿女的行为，孩子们更能自由自在地游戏玩乐，家长也很乐意和孩子一起嬉戏。

小航去同学家做客，发现别人的家长并不会把孩子的学习成绩看成身家性命。自己的父母不像别人父母那样有幽默和轻松的一面，家里的气氛总是令人感到沉重，有时一个小矛盾就会引爆冲突。小航岁数稍长后，每当和妈妈发生争执，便把"文化差异"这几个字像招牌一样举起来为自己辩护。

即使是没有移居海外的家庭，也会遇到"代沟"问题，而移民家庭所要面对的，不再单纯是普通家庭中父母与孩子之间的实际问题，还有因为受到东西方文化差异的冲击而增加的难题，这更增加了消除代沟的难度。

已有研究表明，专制的教养方式在东方，尤其是在学业成绩方面，并不会产生像在西方文化背景下的那种显著的消极影响。在东方文化背景下，父母对孩子学业成绩方面的控制，更容易被孩子理解为关心、关爱，而在西方则更常被孩子等同于敌对、攻击、不信任和支配。

随着西方文化在中国日渐广泛的传播，不少中国青少年已经懂得通过比较文化差异，振振有词地和父母理论，反抗传统的教育方式对自己的压抑。何况身在异国的小航——家庭内外感受的不一致性早就令他无所适从。

小航的母亲何尝不知东西方文化有很大差异？她曾努力在这令她不快的文化冲突中寻觅平衡点，但这谈何容易？文化烙印已经深深镌刻在灵魂深处，更何况她的性格让她在更多的时候缺少变通。

小航的母亲满心希望自己可以变得开明些。她告诉小航：带朋友回家来玩，自己不限制小航交友。小航的朋友来了，妈妈面带罕有的笑容做了一桌美味佳肴，但在餐桌上仍然不失时机像审问犯人似的刨根问底，问朋友的家庭、学习成绩等。小航的母亲对待朋友的态度令小航觉得十分尴尬，也让朋友好不自在。就这样，小航的母亲又一次失去了和小航联络情感的机会，为此小航也是深感惆怅。

在决定大大小小问题时，小航的母亲也试着和小航商量，但小航感觉所谓的商量只是一个虚假的形式，其实妈妈凡事都已经决定好了，而且意志坚定，不容改变。小航母子之间的关系实在是很难缓解。

如果说"苦学"论让孩子对学习心生恐惧、产生畏难情绪，那么，父母对学业的过分紧张，以及由此产生的对孩子过多的行为限制，则会使孩子对学习产生厌恶和敌对的心理。

幼时的小航在爷爷奶奶家充分享受了自由自在的生活，可是"好景不长"，一回到妈妈身边，便开始"待遇下降"了，不准看电视，放学后不准和小伙伴们去外面玩。初到 A 国的小航对一切充满了好奇，黄头发、蓝眼睛、大鼻子的同学和叽里咕噜听不懂的外国话都让他想进一步地了解，可妈妈只允许他在学校接触小伙伴们。

在小航 12 岁以前，看电视就像做贼一样偷偷摸摸，因为妈妈不允许他看。看着学校的小伙伴们眉飞色舞地讨论着电视节目，他觉得自己和他们仿佛生活在两个世界。放学回家后，妈妈还给他安排了课外作业，他只能像个小大人一样在书桌前正襟危坐，心却飞到外面的空地上，想象着和小朋友们开心地玩耍、做游戏。

妈妈告诉他："竞争激烈，快点学习吧，人家在玩的时候你在学习，你才能出类拔萃。"其实小航妈妈的初衷，一方面是出于对初来乍到陌生环境的小航的保护心态,想让他尽量多在家待着;另一方面当然是对小航学业的关注。但等小航稍长大些后,在小航已经熟悉生活环境、言语沟通也很顺畅的情况下,她对小航的控制就完全是因为她满眼都是学业和成绩。

无论何种原因,在小航的感受中妈妈对自己的控制只有一个目的,那就是妈妈以"学业"的名义剥夺他自由支配的时间,他常想如果没有学习这档事情,他该多么无拘无束,一切都是学习惹的祸。而且,妈妈的高标准也不给小航喘气的机会。慢慢地,小航的厌学情绪越来越严重。

古训言:玩物丧志。不知从何时起,玩耍享乐似乎成为堕落的代名词,好像玩就是可耻可悲地放纵自己、不求上进,应该遭到蔑视和拒斥。其实懂得享乐,能给自己的生活创造更多愉快的体验,体现了一个人作为一个有机整体需要多方面的充实,这也是人的一种审美方式。而完全意义上的自我放纵则是某一需求的极端发展所造成的失衡状态。所以享乐和纵欲并不能同日而语。小航的妈妈像防贼一样提防着孩子从事玩乐活动,让学习侵占了小航的大部分时间,让他那逝去不再来的童年失去了游戏的陪伴。

弗洛伊德曾指出,本我所遵循的快乐至上原则驱使儿童热爱游戏,游戏能使儿童缓解在现实生活中的紧张和拘束,获得想象中的满足与快乐,是孩子发泄情感、应对挫折和满足愿望的途径。所以游戏对儿童有一种天然的亲和力,儿童离不开游戏。

曾有科学家拿猴子做过试验:将一些小猴子从小就关到其他地

方,阻止它们与同伴游戏逗弄,结果这些猴子长大后变得非常木讷,有的甚至失去了求偶和生小孩的本能。猴子尚且如此,更何况人类!所以还是让游戏精神复苏吧,给孩子一个可以随意游戏的童年。

以前中国的家庭追求"多子多福、儿孙满堂"的幸福,有多个子女的父母可能没有精力过多管束每个孩子,他们的孩子反倒有更多自由支配的时间。同时,因为生活状态不一样,以前的孩子们有更多机会接触天然质朴的游戏方式,如跳橡皮筋、跳房子、打沙包、抛石子、跳绳、踢毽子,或者三五成群跑到小巷里滚铁环、抽陀螺等。

20世纪80年代出生的孩子大部分是独生子女,国人有养育多个子女的经验,却没有养育独生子女的经验,恨不得把全家唯一的小孩给盯牢了、看稳了,而"科技含量"日渐增高的现代高级玩具似乎也让孩子们更为孤独了。

著名教育学家杜威曾说:"如果教育不提供进行健康的休闲活动的机会,那么被抑制的本能就会寻找各种不正当的出路,这种出路有时是外在的,有时是内在的。适当提供休闲活动是严肃的教育责任:不仅是为了眼前的健康,更重要的是为了形成对心灵习惯的永久影响。"

其中所言的"休闲活动"指的就是游戏,意即为儿童提供游戏是教育的一项严肃责任,会造成"对心灵习惯的永久影响"。学习不是儿童生活中的唯一重心,儿童的生活应该逐渐发展为学习与玩乐相互促进的状态。家长不必担心"玩物丧志",因为个体对纯粹游戏的需要在其成长过程中会慢慢减弱,而个人游戏精神的成长和保留则有助于形成注重过程体验的生活态度,并在接下来的人生阶段持续发生作用。

在基地接受治疗的很多孩子,在童年时代没有获得足够的游戏生活,也没有不受限制地体验过快乐的游戏精神,自然没有机会从尽情的嬉笑逗乐中习得社会规则、获得自我意识、感受社交友情等。小时候,小航经常可怜巴巴地偷偷瞄着窗外的小朋友们在无拘无束地玩耍,突然一声呵斥从天而降:"看你的书!外面有什么好看的!你看你的成绩,一天不如一天,还有心思想着玩!"妈妈已经悄然出现在他身后。

父子连心

在小航的家庭中,感到压力重重的不只是他,还有他的父亲。小航的父亲远渡重洋之前有过疑虑,但一看妻子去意已决,大有义无反顾之势,便和她携手怀揣美好理想来到 A 国,但却不是自始至终地和妻子并肩前进。

来到 A 国以后,小航父亲学的专业派不上用场,也找不到合适的工作,只好赋闲在家做一个居家男。这时,正好小航来到 A 国,小航父亲的精力便主要用来照顾小航,同时料理家务。家庭的经济支出由小航的母亲一个人承担。也就是在这段时间,小航体会到令他快乐的父爱——父亲带他去游泳、学骑自行车、打羽毛球。

可是小航的母亲慢慢对这样的生活甚感不快，一方面独自承担家庭经济支出的压力让她深感沉重，另一方面，她觉得昔日令她敬仰的丈夫现在已经一点点地变得令她不齿。从前在国内时，她感觉小航的父亲是那么优秀而又自信，现在从他眼里再也看不见那自信上进的目光，她越来越不能容忍这个在她看来已经有些堕落的男人。每天辛苦工作回到家时，本来脾气急躁的她，对着丈夫的口气也很难再保持冷静："你这算什么？一个大男人，天天在家，啥也不干！你带孩子算什么，这是你的义务！"

她不认可丈夫此时的价值，也对丈夫在家庭生活中所做的一切不以为意。夫妻两人不可避免地出现无休止的争吵和矛盾，拉开了感情破裂的序幕。即使后来小航的父亲找到工作，但薪水待遇还是远低于小航母亲。他再努力也没有办法使自己和小航母亲"平起平坐"；而小航的母亲则认为这都是丈夫不够努力的结果，忍不住一次又一次对他恶语相向，挑战他男性的尊严。

小航父亲内心的那份孤独落寞，在举目无亲的异国他乡愈演愈烈。他感觉妻子像一个学习和工作的机器，他无法做到像妻子那样拼命。他无限思念祖国的一切，曾经和妻子提出回国创业，但妻子没有答应，因为妻子并不像他那样牵挂故土，她矢志不渝地想在异国他乡功成名就。

小航的父亲有一次回国，坐在飞机上透过窗口，从高空中看到了中国的领地，俯视那山那水，就像回到久违的母亲怀抱。他不禁为满腔的委屈和失意潸然泪下。

不论小航父母之间发生了什么,小航都不可能不受牵连,而且起初父母在争吵时也不加避讳,小航全都听在耳里、看在眼里。更让他无法理解的是,他似乎突然在爸爸面前失宠了。他让爸爸陪他下棋打球,爸爸一概不理不睬;他调皮惹事、成绩下降,爸爸也不管教他,对他没有太多的要求。其实,那时小航的父亲对自己都疏于管理,没有生活目标,整天浑浑噩噩地懒散度日,而对小航的淡漠和忽视也是报复妻子的一种途径,因此妻子无论怎么骂他,他都表现得无动于衷。

孤独的小航发现爸爸再也不带自己出去玩了,一有空就在电脑前入迷地操作,而且电脑屏幕上会出现有趣生动的画面。小航起初傻傻地站在旁边观看,后来自己也跃跃欲试。正好家里不止有一台电脑,从此以后,小航就开始和爸爸一起爱上了这个网络游戏。

因为和爸爸在做同样的事,小航觉得和爸爸之间已经拉远的距离似乎缩短了些,而且因为有了共同的话题,爸爸会和自己说更多的话,不再是令人害怕的长时间冷冷的沉默。他渴望和爸爸和乐相处的状态。

但是后来小航发现自己对网络游戏的热爱已经和爸爸没有太大关系。他越来越体会到网络游戏的趣味,而且不能自拔,学习成绩直线下降。妈妈想通过设置电脑密码、掐断电源来控制小航,却都不管用,小航全会鼓捣恢复。他和爸爸在网络游戏中寻觅着同样的快感,那就是对成功的体验。

小航的父亲在治疗期间特意来了基地一趟,当他一点点把那些伤心的往事以及与小航母亲相恋时的甜蜜一起倾诉出来时，他忍不住泪流满面。我感觉他似乎把压抑许久的情感在这儿全部倾吐出来了。

我问他："当初，小航的妈妈什么方面吸引你？"

他说："她在大学里特别优秀，我喜欢她那股特上进、特有理想、十分好学的劲头。"

真是造物弄人，或许小航的父亲并不太了解自己需要什么样的爱情和生活伴侣。

我说："她现在还是这样，就是你当年喜欢的那样，却让你感到有压力。难道是你变了？"

小航母亲送孩子来基地后就回 A 国了，我通过电话和她联络，了解到她当初嫁给小航父亲的理由和小航父亲选择她的理由如出一辙，可她现在认为丈夫变了、退步了。我说："他可能没变，他现在找的工作已经算是不错了，只是没有达到你的理想和你的要求吧？"

或许当初他们相恋，是因为太爱自己而从对方身上像照镜子似的照见了自我，便满心欢喜地爱上了对方。但后来，那面镜子却被现实无情地摔碎，他们曾经的那缕情丝也被扯断了。

⬢ 反者，道之动

在小航的治疗期间，我可以从他 3 个阶段的常见表情来判断他的变化。

第一阶段时他每天开开心心，眼眉上挑，头发用啫喱打理得很光鲜，自认为与众不同，优越感十足，带着虚假的意气风发，把内心的伤痛隐秘地藏在心隅深处，回避父母的话题。

第二阶段，小航会不能自控地放声大哭，情绪低落，并且在治疗时，每当回忆起生活中的点点滴滴，他的手指会不由自主地强迫性地抠自己的胳膊，时而还用力反复搓揉，直到手臂上全是红印。小航的肤色本身很白，衬着一片红色，看起来像是严重的皮肤过敏。这是小航长期形成的习惯性动作，是通过损伤皮肤来消除焦虑的一种自伤行为，而小航母亲一直误以为是小航过敏。

小航不能理解爸爸对自己的态度转变、妈妈的高压专断，并对父母关系深感担忧，虽然后来父母吵架时开始回避自己，但其实每一次争执，他都知道。小航有时候并不确定父母是否真的爱他。小时候在爷爷奶奶身边长大，他觉得老人家很疼爱自己。和父母在一起之后没几年，父母感情开始破裂，爸爸根本就不管他，也不太理睬他，而妈妈经常只是教训和数落自己，揪住一切在她眼中不顺眼的事情发牢骚，而且时常把"钱"挂在嘴上，似乎妈妈的精神寄托只剩下钱了。小航隐约觉得在妈妈心里，自己的地位还不及钱重要。

此外小航母亲把养育小航当成艰苦的义务，常常暗示或明示小航要回报、要孝顺。对此小航沮丧地想："爱是有条件的，满足这些条件才能得到，我的学业那么差，我是不是一个不值得被爱的人？"

父母只有采取一种乐观的养育态度，认为孩子降生是对生命奇迹的礼赞，而养孩子是一种命运赐予的享受，享受和子女相处的时光，共同见证他们成长的乐趣，分担他们成长的痛苦，也体会为人父母那独一无二的喜怒哀愁，他们的人生体验才能更为丰满而没有空虚之感。而对于孩子而言，父母给予他的那份珍爱，只有是温暖而又轻松的，才能使孩子更懂得自珍自重。

在这个阶段，小航的父亲回国来到基地，我对父子俩做了一次共同治疗。父亲向儿子深表歉意，小航也理解了爸爸的苦衷。其实对海外生存者而言，最幸运的事是拥有一个同心同德、擅长沟通的生活伴侣，可惜无论是小航的父亲还是母亲，都没有这份幸运。

关于小航母亲，从治疗上我也引导小航更深入地了解及体会她以往的成长背景。小航的外婆外公生活艰难，那时候小航母亲还很小，完全凭着个人的奋斗走到今天，实属不易。小航的母亲吃过苦，忍受过长时间的孤独，能够承受生活、经济、语言、个人发展等多方面的压力，这才得以使她能在异乡的土地上忍辱负重、白手起家。从这方面来说，小航父母迥异的成长经历，也是他们在困难面前表现有所不同的原因——小航的父亲从小家境优越，很难做到越挫越勇。

还有一个小插曲就是小航的衣服。后来他已经理解了我为什么拒绝给他衣服，我打趣说："你没有时常更换衣服，可这丝毫不影响你帅气的形象！如果你现在还想要拿回你的衣服，我可以答应你。"小航说："不用了，没关系，出院时再带走吧。"其实过度注重外表也不是小航独有的问题，他说爸爸比他还厉害。

第三阶段，小航的肢体语言显得更为轻松自然，眉眼平和了，人也自信了，没有再妄自尊大或妄自菲薄。他对过去压抑了多年的伤痛有了更清楚的认识，坚定地认可了父母给予自己的爱。我也帮助小航了解了中国文化及其深厚的底蕴，明白了父母即使离开中国，但依旧很难摆脱中国文化深厚持久的影响力量，并且最终因了解而释然。

小航离开基地时，父母都已经在国外，不方便回国，只能电话联络。小航由家在国内的亲戚迎接出院，小航对基地依依不舍，忙忙碌碌地找工作人员在笔记本上留言纪念。走之前他笑着对我说："你曾经说过，说不定我对你的了解比你对我的了解更多。现在答案已经出来了，还是你更了解我，我很努力了，但还是不怎么了解你！"

我开玩笑地说："怎么？后悔了？"

小航回答："挺好，我很感谢您！现在我所需要的是回 A 国后多做，而不仅是用嘴说。我有很多事情要去做，对我父母、对我自己。我希望提高很多方面的能力。"

"往前走吧！没事的！一路走好！"我用眼神鼓励他。

小航走后，我和他母亲通了话：一是建议她爱护和儿子之间得以修复的关系。小航母亲表示这段时间她也买了不少书，在不断学习。她终于明白以前对儿子的很多做法确实不太妥当。二是建议她不要忙于工作，她已经非常优秀了，应该抽时间去享受生活，好好爱自己。

后来，她给我发电子邮件，告诉我小航已经去附近一所大学就读，所学专业是小航自己选的，虽然和她想的不一样，但她终于强迫自己放手了。

起初刚出院时，小航的情况令她非常宽慰，但中间有一段时间稍有反复。她很着急地给我发邮件，我安慰她："小航可能是在大学里遇见困难了，感受到了学业的压力。你千万不要急于否认他，要相信他一直在努力，而且他这时候最需要你的支持。"过了一段时间，她又告诉我小航慢慢地战胜了自己，又回到正常轨道。最让她开心的是，小航在业余时间学习烹饪，周末回家还会做饭给她吃。

老子在《道德经》中说"反者道之动"。他所说的"反"，就是要在事物发展之中加上一个反向作用力，站在反方向的立场去想，使之不要走到极端，能量也许就流动了，从而得以维持一种动态的平衡。这种正与反的相互作用，是存在的完整状态，是一种创生状态。

我希望小航的妈妈，无论对待自己的人生，抑或对待孩子的教育，都应该加入一个相反的作用力，不要执着于一个方向。面对人生困境，每个人都会先采取一个立场去应对，但若执着于一个立场，也许就会被"卡"住。享受生活不仅是一种生活态度，同时也是一种能力。

让每一个生命返璞归真，恢复真实的原貌。一个人假如过于拘泥于某种价值，就会失去弥足珍贵的自由，陷入强烈的痛苦和焦虑，无法窥见那神秘生动、和谐顺畅的自然之美。

人生不是游戏，但有时开怀畅想一场逍遥游也未尝不可！

个案启示：所有的关系都需要更新

父母之间的关系是孩子出生时的一个重要背景。同一个家庭的不同孩子会因为出生时父母的关系不同，而拥有非常不同的成长环境。所谓"一母生九子，九子各不同"，原因就在于此。第一个孩子出生时，父母也许还在浪漫新鲜期或吵架磨合期，待最后一个孩子出生时，父母已经进入默契创造期或倦怠凑合期。如此，他们给子女的感受自然不同。

处于不同阶段的父母关系会营造出不同的成长环境，帮助或阻碍孩子的成长。我们大致可把这些阶段分为：浪漫期、权力争夺期、整合期、承诺期、共同创造期。

养育小孩的最佳阶段是整合期、承诺期、共同创造期。在浪漫期就喜得贵子的夫妻还处在努力了解彼此新关系的阶段，自顾不暇，对孩子不是不够关心就是交给别人照顾。还有许多孩子是在权力争夺期被怀上的，而且父母双方或其中一方可能寄重望于孩子，以为新生命的降临可以减轻夫妻之间的压力和争吵。

在父母关系建立早期阶段诞生的孩子，需要面对父母自我认知不充分并时常处于夫妻争执的情形。反之，已建立起成熟关系的父母在情绪和心智方面都比较稳定，既了解自己，也了解伴侣。这类父母有精力也有能力去了解孩子，并能清楚设定亲子间的界限。对人际关系的学习始于家庭，一个人在其中建立最初的安全感或不安全感，并将终其一生都抱持这些感受。

因此，出生在浪漫期或权力争夺期的孩子，可能会因为缺乏良好关系的榜样，从而成长为无法融入现实生活的大宝贝。而出生在整合期、承诺期或共同创造期的孩子，可能会因为有对坚固关系的基本经验，从而成长为真诚且出众的人。

小航在出生后不久就和他的父母分离，丧失了获得父母之爱的直接渠道。好不容易回到父母身边时，父母之间的关系已经陷入困境，卡在权力争夺期。双方都在争辩谁对谁错，都在试图改变对方，因为冲突、蔑视、防卫和责备而拉远彼此之间的距离，整个局面如同一潭死水，缺乏流动性，也缺乏生命力——这也是在大部分家庭心理治疗中常见的夫妻关系状态。

我在临床中很少见到深入的整合期，大部分夫妻一直处于权力争夺期的冲突或浪漫期令人陶醉的错觉之中。这些夫妻经常争论：是对方错，还是自己错？是听对方的，还是听自己？丈夫嫌弃妻子不够温柔、不懂持家、没有书香气；妻子嫌弃丈夫贪玩、有酒瘾、没有事业心……双方在夫妻关系中对权力欲的追求大过对亲密感的追求。其实，即使对方言听计从，也不代表对方喜欢你、爱你，而你的内心也不会因为掌控了对方而产生安全感和满足感，因为你们的关系还没有进入更高级的阶段，还没有发展出情感关系的内在力量，离绽放真正的亲密之花还很遥远。

对孩子而言，最消极的家庭环境就是父母在权力争夺期时对孩子进行物化，即父母把孩子当成武器或收买的对象；而最积极的家庭环境则是父母双方对各自的成长充满兴趣,彼此亲密相处。

关系有其生命周期,正如人有生老病死。一段关系从来不会像施加了防腐剂似的长久保鲜;一段关系就像一栋老房子,如果不去维护,就会渐渐出现一些问题。花园需要除草、浇水、施肥,才能盛放出美丽的花朵;人与人之间的关系也需要持续不断的照料,才能产生相互的承诺和信任。

亲密关系是每个人持续成长和发展的工具,从中获益的不仅是自己,也包括对方。而亲密关系的获得,需要彼此抱有真诚的关怀和好奇,并愿意分享自己,这样,双方才能建立起真实牢固的关系,并使关系不断更新。通过持续的更新来维持彼此的动态平衡是保持一段关系的关键。

每一段关系,从最亲近的亲子关系、伴侣关系,乃至较远的朋友关系、同事关系,都是一种相遇。这种相遇并非偶然——我们是在积极的生命之路中找到了对方;这种相遇所带来的不只是人与人的亲密,它也让我们得以更深入地了解自我、了解他人、了解生命。

当你面对一个人,你面对的是一个展现的生命,而不是可以拥有或掌控的物件。

一个人在关系中能学到的最深刻的人生课,就是他无法拥有任何人——人们永远无法拥有爱的对象,但能拥有自己对别人的爱。

成长环境

⊙ 完美主义的母亲，过度表现自我的优秀，贬低孩子；

⊙ 母亲过于理性，无法满足孩子迫切的情感需求；

⊙ 父亲的冷漠、疏离，以及对孩子态度的前后不一致；

⊙ 父母关系紧张，缺少爱的表达，家庭气氛沉重压抑；

⊙ 孩子早期没有得到父母的关爱。

第六章
贫穷的烙印

◆"我要发财！"

小胜从12岁开始就有些恨爸爸，因为爸爸在那年第一次狠狠地揍了他一顿。

小胜的爸爸是某单位的门卫。小胜想溜进单位的信息中心去玩电脑，那时候电脑还不是特别普及，他觉得很新鲜，可爸爸偏不让进去。爸爸手里掌握着每个部门的钥匙，一大串地拴在一块。小胜偷偷卸下爸爸的钥匙去玩，被发现后，爸爸一边用笤帚抽他，一边生气地呵斥："你居然敢偷钥匙去玩，你以为你是这儿领导的孩子吗！你哪能跟人家比，别人的孩子去单位玩电脑你也去！人家是领导的孩子，你是谁？你爸爸只是守门的！别人能去，你不能去！"

爸爸不止一次地向他灌输："人是分三六九等的，我们处于社会底层，很有可能因为犯了错误而受到别人的蔑视，而且会被人惩罚。"

小胜一直就对爸爸没有太好的印象：爸爸早年在外地工作，自己和哥哥、妈妈在农村老家生活。小胜7岁时爸爸下岗，才从外地回来，之后全家人搬到了离老家较近的县城生活。爸爸回来后，全家人得以团聚，但爸爸很少对自己有好脸色，全因为自己成绩不好还时常闯祸。但小胜能看出爸爸对比他大8岁的哥哥倒是疼爱有加。哥哥不仅成绩好而且性格温和，从来不顶撞爸爸。哥哥是爸爸的骄傲，而自己总是让爸爸觉得横竖都不满意。不过妈妈非常疼爱小胜，但他几乎不怎么听从妈妈的教导。

其实小胜的父亲把笤帚抽在孩子身上,更抽在自己心里。妻子大字不识,只能在家照顾孩子们的生活。他也没有太多的文化,能找到这份门卫的工作,虽然薪水微薄,但已经实属不易,他很珍惜。他自己身体虚弱,经常需要花钱看病,家里还供养着两个大男孩,要吃要穿要读书。一旦领导因为儿子犯的错误把自己开除了,这一家人的生活如何是好!

小胜从农村宽阔的田野来到人口密集的城市,起初很兴奋,好赖自己也算是一个"城里人"了。但很快他就经常感到孤独。他未能把自己纳入这城市生活的轨道,不太习惯城里的生活。他生活的地方虽然只是江南的小城,但不少人靠经商发达了,普遍生活水平不错,他看见了自己和同学们的差距,感觉像是被城里的一切生硬地拒之门外。

小胜的很多同学都住在高楼大厦的单元楼里,而小胜家住的则是低矮简陋的平房。小胜不好意思请同学们上自己家做客,而他去同学家做客也不受欢迎。同学们看不惯小胜日常行为的表现,有一次同学呵斥他不懂规矩,随便吐痰、丢垃圾,缺乏卫生意识。小胜也有他的委屈。他不是成心招大家不开心,在老家漫山遍野都是自由的天地,院子里到处有鸡屎狗粪,更不用说扔张纸吐口痰,哪有那么多莫名其妙的讲究!

小胜的同学们在教室里总会谈论一些名牌服装和鞋,说周末父母带着他们去哪家餐馆吃饭等。但像那样去消费,甚至仅仅去关注那样的消费，都是小胜家想都不敢想的。他爸爸一个月挣的工资都不够他买一双名牌鞋或去餐馆吃几顿饭！再瞅一眼自己身上的衣服，那是哥哥穿了几年的旧衣服，衣服已经小得不合身了！想到这些，小胜顿觉丧气。

不到万不得已，小胜真的不希望妈妈去学校开家长会。妈妈穿着颜色莫辨的旧衣服像个农村老妇，坐在一群打扮时尚的先生太太中间颇为显眼，而且每次说话声音特别大，在狭小的教室里听起来似乎有些失控，惹得众人眼光聚焦。小胜觉得妈妈的大嗓门十分丢人，没有考虑到妈妈从前长期生活在乡村，乡村自然空间大，人们之间的身体空间、心理空间也大，说话往往粗声大气，不像城市生活空间狭小，人们之间的心理空间也小，所以说话轻声细语。

同学们聚会时，经常会去郊游、吃饭、唱KTV。如果AA制，那每个人都得花上不少钱。同学聚会时花的每一分钱都是家长给的，小胜只能望洋兴叹。

学校里同学谈论的东西和拥有的快乐，是小胜没有见识过也没有能力去享受的，所以小胜很难和同学有共同的话题。从小学到中学阶段，他与许多同学间的家庭贫富差距不但没有拉近，反而越来越远。

小胜的哥哥和他面对着同样的环境压力，但哥哥接受了这样残酷的现状，认为自己只有也只能通过认真专心学习，学得比同学们好，才能更多地感受到自己存在的价值，才能永远留在诱人的城市。

然而，小胜想的和哥哥不一样。他无法专注于学业，自卑像个阴影亦步亦趋地跟随着他。他极不甘心,也想不明白:"为什么我要忍受别人异样的目光?!为什么我只能眼睁睁地看着别人在我面前显摆他们的富有?!为什么我总是低人一等?"

对于小胜而言,部分自卑感还来自家庭内部。哥哥和他年龄差距很大,搬到城里没几年就考上一所重点大学,出外求学了。哥哥的优秀更衬托出他的弱小。在治疗中,他回忆说爸爸从来没有给过他一句赞美之词,都是骂他"没用的东西""废物""败家子""祸害",他感觉爸爸总是在挑刺,找出一切错误来教训自己。

年幼时的他想找哥哥玩的时候,经常被爸爸呵斥:"不要影响哥哥学习!"在外求学的大儿子成了爸爸所有的精神慰藉。每次左邻右舍提起大儿子时,小胜看见爸爸脸上的皱纹里都装满了笑意。有时爸爸一扭头看见小胜,又会立马脸一沉,问:"你又跑哪去玩了?"在与哥哥不间断的比较中,小胜只能仰望着自己无能超越的榜样,永远被压在其下。

小胜因为偷进爸爸单位的信息中心玩电脑而被狠打一顿后,还是经常不定期地偷偷溜进去玩,有时候爸爸没有发现他,但他被发现后免不了又是挨打。后来爸爸开始看管得更为严格,信息中心是进不去了,小胜开始省下饭钱去网吧玩。

小胜和爸爸之间的关系持续紧张,他已经好多年都不喊"爸爸"。他看见富裕家庭的孩子就是靠着"好爸爸",才能生活得如此体面,不仅是在同学当中,而且在老师面前都有可能颐指气使,因为"好爸爸"会在节日里往老师家里送有分量的大礼,老师家里有事情的时候也会找他们帮忙。

想到这些,小胜心里不由得怨恨自己的爸爸未能给自己提供这一切荣耀。他甚至认为自己糟糕的成绩都和爸爸有所关联,因为爸爸无能才导致他无法愉悦地安心读书。小胜倾向于把所有的过失归因于他人,认为自己是受害者。

他幻想过上富裕的生活,衣着时尚光鲜地走在校园里,在教室展示引人唏嘘的数码产品,向心仪的女生献上一捧娇艳的玫瑰。有时坐在教室里,他感觉心里像有一团焰火在熏烤着自己,而内心的自己在大声呼喊着:"我要发财,我渴望拥有财富!"

◆偏执

小胜虽然对他父亲带着怨恨,但又不可避免地遗传了他父亲多疑和敏感的性格倾向。而在小胜过往的经历中,很多境况导致了他长期的敏感和软弱,以及对事对人普遍的怀疑和不信任,比如:与父亲持续发生的冲突;父亲对他进行的经常性的口头和身体攻击;被迫对自己所犯错误采取认真对待的态度;经受来自父亲和同学的嘲笑;父母以哥哥为参照,强制要求他达到一些过高的目标,等等。

这种状态使小胜经常处于愁云惨雾之中,只有他哥哥的学业成功能给他父母带来一种平衡和安慰,就像冬日里一丝盎然的春意。

平时,小胜的父母经常心情不好、长吁短叹,也把大量的牢骚投向了小胜。在他们的印象中,世界是个生存艰难的地方,人需要顽强的毅力才能活下去，而且为了争夺有限的资源，人与人必须相互拼斗、相互攻击。不难想象对社会抱有这样态度的家庭里，空气中弥漫着的只能是对外界的敌意和偏执。

如此家庭生长环境对孩子的心灵成长无疑是危险的。小胜抱着强烈的警惕性和防御性看待万事万物，认为身边的人都不怀好意而且具有欺诈性，时常担心由于自己粗心疏忽而不能看穿对方的真实嘴脸。其他人对他的善意举动容易被他解释为意图骗取他的信任，目的是想得到一个攻击他的机会。所有人都像潜伏在暗处的幽灵，会随时抓住时机向他扑过来，对他造成伤害。他调动所有的神经，敏感地警惕着危险或欺骗的征兆，不断捕捉着揭露别人真正目的的微小线索。

⬣ 信任

小胜属于强制入院。对于小胜的家庭而言，筹集来北京治疗的费用，实属不易，父亲是下了大决心的。当时正值小胜高中毕业，父亲和哥哥问他要不要去北京上大学，他欣然接受，以为不用努力就可以上大学，而且是到首都上学，心里还挺高兴。

其实在小胜来到基地之前，还有个小插曲。这次是他和爸爸第一次来北京，便和爸爸、哥哥去了王府井。途中，他突然想上网吧玩游戏，向爸爸要钱，爸爸很生气，没有给他钱。小胜生气地扭头自己走了，可是赌气走了以后才发现自己身无分文，于是无所适从地在某自行车棚里来回转悠。自行车管理员远远看见他神情猥琐且穿得土气的模样,误会他是偷车贼,便一脸凶相地冲过去。小胜吓坏了,拔腿就跑。管理员一看他跑得飞快更确认他是贼,在后面狂追。

小胜完全没了主意,失魂落魄地跑到某一商店用公用电话拨打哥哥的电话。他喘着粗气,话还没说出口,自行车管理员就赶过来找到了他,二话不说就冲上来揍他,并高声喊叫:"这是个小偷,想偷车哪,我看你往哪儿跑!"店主也一同揍他,说:"打完电话,你又想不给钱就跑吧!胆儿够大呀!"围观的人一阵喧嚣,也有人过来踹两脚,小胜根本没有解释的机会,何况他已经被这突发情况吓蒙了,甚至连对疼痛都有些迟钝感觉。被打完后他还被送到了派出所,爸爸和哥哥把他从派出所里接出来,然后直接送来了基地。

刚到基地时,他头上被打的伤口尚未愈合,眼神里还残留着挨打的恐惧和怯弱,惶惶然如惊弓之鸟,当然还有一丝仇恨。

其实,城市里的部分人对农民工总是会有一些刻板印象。社会的歧视似乎在告诉农民工:"'贫穷'不是一件衣服,想脱就能脱掉,你的神情、语言、肢体、打扮都逃不开城市中犀利的目光。"而他们也会疑惑:"难道贫穷真的就是永远刻在我身上的烙印吗?"

从小胜的性格来说,他不愿意对小问题屈服,因为妥协意味着软弱,容易被攻击。然而,他不敢冒着使人愤怒攻击的危险直接挑战强大的对象,所以转而以被动抵抗的方式表达自己的态度。他认为自己远离家乡,无亲无故,被迫待在基地,显然把我们当成了强大的对象来处理。

因此在治疗初期，我明显感受到他的被动抵抗和不合作，以及他不止一次表现出的戒备和谨慎态度。在治疗谈话中，他对我所提的问题有选择性地作答，有时甚至干脆拒绝回答。在这种情况下，我暂时中断了语言的交流，让他绘画，或者进行沙盘游戏。

从小胜的绘画中，我能感觉到他对文学的热爱，他为绘画所取的名字都是用一些与目前生活状态不相吻合、充满浪漫想象的字眼。同时某些内容也表达出他渴望成为人上人的强烈心声，不少画面反映着上流阶层的生活，如别墅、钢琴、轿车等。他刻意告诉我，他把这些情景设置在大自然，是因为"城市的人都向往大自然的生活"。他在他人面前强烈掩饰和回避他来自农村的事实，因为他认为那段生活经历不怎么光彩。

有一次我把他带到沙盘治疗室准备进行沙盘游戏，刚进门，值班室便通知有电话找我，我急着出去接电话，让小胜在治疗室里等我。当我接电话时，无意瞥见就在电话旁的实时监控录像——连接着治疗室的监控摄像头正记录着他此时此刻的行为：

他本来在观察沙盘游戏的模型，突然一扭头就以极快的速度窜到对面的桌上，贪婪地翻看我刚放在治疗室里的治疗笔记，还不时紧张地朝门口张望。他的动作让我感觉他并不是突发奇想才这样做的，而是从看见我曾经在那本子上用笔书写的时候起，便有了强烈的念头，想看看那里面到底写了些什么。

他当时并不知道治疗室内有监控摄像头。我赶紧回了治疗室，因为治疗笔记里记录了很多孩子的治疗内容，属于保密范畴。我推门进去时，他连忙起身，很尴尬地看着我。那天我装作不知道，没有就此问题深入，因为当时是一次偶然事件，我不想被认为借题发挥，更何况那天的治疗内容是沙盘游戏。

之后有几次我坐在治疗室里整理资料，小胜突然把门推开了条缝，探头探脑地往里看，看见我以后什么也没说，又迅速把门关上。我猜想如果我没在屋内，他可能会擅自进来。有一次，我偶尔暂时离开治疗室，没有锁门，等我回去时，他居然站在我的座位上，正慌乱地弓着腰翻看我桌上的资料。我平静地看着他，认为现在有足够的理由和他就此行为展开探究了。我笑着问他：

"找到你想找的内容了吗？"

"唉……"他眼睛四处闪躲，支吾着没有明确回答。

"能告诉我你想找什么吗？或许我能帮你。"我鼓励他把话说出来。

"我……想知道上面写了些什么……还有我画的画……"

"心里有些担心，是吗？"

"防人之心不可无。"

"那你和同学之间呢？有关系要好的同学吗？"

"没有，我没有朋友，我觉得即使对朋友也应该有所保留。"

"哦？"

"因为不知道自己什么时候可能在朋友面前，露出什么缺点，被他抓了小辫子，在他想对付我的时候就会用来对付我。"小胜认为在这个相互斗争的世界里，显出弱点会招致攻击，与自己有关的任何事情都有可能成为别人用来反击自己的有力武器。

小胜在平时和同学的交往中也努力压制日常信息的"泄露",小心翼翼地保护他自认为的"秘密",因此,他在别人的眼里显得自我封闭,甚至有些鬼鬼祟祟。

接着,我引导小胜叙述了他在人际交往方面的一些困难、他孤独的生活状态、他在网络上所进行的活动等,一方面搜集信息,一方面引导倾诉。

"那么……你觉得世界上有没有人永远不需要他人的帮助,可以自顾自地活着?"我把话题一转。

"好像……没有吧!"他对话题的转换没有回过神来。

"我明白,让你信任我确实有困难,对吗?是否跨越障碍交给你来决定,不过,如果一点信任都没有,是很难得到帮助的哦!其实不用担心,如果你不想让心理医生为你所用,我可能真的没有用处的!"我轻松地笑着对他说,"另外,如果你对我如何处理你的绘画感兴趣,那我们在治疗结束前再一起分享你的作品,并且讨论它的意义。你需要付出耐心去等待,好吗?"

我想,目前他拒绝和我进行过多语言交流,如果我尝试直接说服他相信我,可能会被认为是怀有恶意、不可信赖的,所以便针对他的异常行为表现就事论事,以此为契机来促进治疗关系循序渐进地发展。

为了引导小胜放松警惕、敞开心扉,我对于他多次不礼貌的行为没有在他面前表示反对,而是表示接受了他的不信任,让他意识到我理解这一切,不会为此对他心生隔阂,然后逐渐通过行动来向他证实心理医生是值得信赖的,而不是强迫他立刻对我产生信任。

🔷 自我效能

小胜认为他经常会面对危险的情境,所以需要时刻保持必要的警醒。从本质而言,他对于自己处理一些相关情境问题的能力持怀疑态度,心里已经形成了不良的图式,认为自己与他人比较时总是完全处于劣势。

如果能够提升他处理问题的自我效能感,让他有更强的自信去迎接可能发生的"危险",就可以降低他的防御性,从而减轻症状的严重程度。

小胜所住的宿舍中有另一位患者,他在行为言语上有些怪异,而且心情不佳时反应比较强烈,但这个人绝对不是精神分裂症——因为我们对每位来到基地寻求治疗的患者都会进行认真的筛选,有精神病症状的患者不属于收治范畴。

小胜对于这位新来的舍友感到无比恐慌,好像自己随时都有可能受到对方的挑衅和伤害。在这样的生活情境下,他感知到了比常人更多的威胁,所以他向我强烈要求调换宿舍。我没有答应他的要求,而是鼓励他克服眼前的困境,通过更主动地参与一些小团体活动的方式,如和别的患者一起打牌娱乐等,来转移自己的注意力,在感到害怕的时候也可以找基地教官聊聊(教官 24 小时值班)。他找到的最好办法是打羽毛球,我经常看见他在楼前的空地上挥动球拍。当然，他在非治疗时间来我办公室寻求安慰的频率也更高了，偶尔和我说说今天舍友又有什么惊人之举。

关于舍友一事，小胜在治疗中途也曾有过想往后退的时候，表示自己无法坚持下去，不能控制自己的情绪。但两周后，他的状态总算趋于稳定了，基本能够确定在宿舍不会有什么严重的危险事件发生，而且那个怪异的舍友从来没有攻击过他。也许作为一个正常人而言，克服对舍友的恐惧不是件难事，但对于偏执的小胜却非易事。

我对他的表现表示赞赏。那个令他恐慌的舍友一直和他同住，但他通过努力使自己的情绪稳定下来，逐渐有能力接受起初让他感受到威胁的环境。这一切他都做到了！

通过对小胜的干预，我引导他思考自己也许高估了这一情境将会引起的恐惧或低估了自己处理恐惧的能力，促使他对自己做出更实际的评估，提高自我效能感。尽管这次小胜成功地处理了这一情境，但在后续跟进的治疗中我还是需要通过改善和增强他的应对能力来继续增强他的自我效能感。

总言之在此成功事件的基础上，小胜才有胆量尝试先从小事上让自己信任身边的人，并观察和验证他们的表现。他将出乎意料地发现这个世界比他想象的更少怀有恶意，即使是遇人不淑，遭到不公正的对待，他也可以因为相信自己能有效处理情况而感到心安。当然我能做的就是引导小胜往正确的方向迈步前进，但要真正完成这个蜕变还需要长时间的磨炼和更多的配合。

▲去除烙印

对于长期忍受歧视、承受心灵痛苦、需要帮助的人来说，互联网有着诱人的魔力。在网络空间中，社会地位的悬殊、经济收入的差距、文化层次的高低、生活方式和价值观念的不同，都已不再是阻碍人际交流的障碍；网络上的人们不必考虑世俗的种种偏见与各方的利益冲突。这是一种与传统交际截然不同的文化体验：交际始于鼠标和键盘的弹击和敲打，对话与判断从一片虚无中开始，人们可以充分发挥想象的创造性本质，放飞心灵。

于是在基于想象的交往中，便自然衍生出了个人所需要的各种发挥空间和自由。可以说，互联网开放的空间削弱了传统人际交往的不平等性。在这里，现实社会中的权力地位关系已经不再具备实在的意义，从而呈现出一种权力的平等化。每个人都是平等的个体，可以充分表达自我的思想情感，使内心得到舒展和张扬。这种交往显然比现实交往更轻松，并且人们不必担负责任。

当小胜把手伸向键盘，在随意控制间，自己便不再是那被盖上"穷困阶级"这个屈辱烙印的憋屈穷小子。

"在网络中谁也不知道我貌不惊人！"

"谁也不知我衣着寒酸！"

"我可以自由地驾驭自己在网上的形象！"

你在网上是否受欢迎，主要取决于你的语言是否有足够的吸引力。你可以说自己想说的话，充分施展你的语言魅力。不用担心会被人认出真实的自己。

小胜在聊天室摇身一变，成为他梦寐以求的富家公子哥儿，再取一个颇有魅力的网名，便开始和自称"美女"的人在网上卿卿我我。网上的恋人们大部分带着对对方理想化的成分，可以快速地交心，从彼此相互认识到萌生爱慕之情，发展突飞猛进，不用多久似乎就已经心心相印，便从此准点相约在网上不见不散。

也许某天"在网一方"的美女不知何故，就会消失得无影无踪，还等在老地方的小胜内心不免会因此平添几分惆怅。可不用等待太久，就会有另外的网友投怀送抱，与他重新开始一段情意绵绵的恋情。

飘飘忽忽的网上从来不缺孤独落寞的灵魂。

富有浪漫幻想色彩的文字之下的才子之气，以及多情富家少爷的名头，为小胜挣足了人气。他在网上从不会有寂寞相随。如此虚幻的身份带来的暂时好处是可以让他宣泄被压抑的情绪，获得一定的自疗效果；但如果在虚拟世界过度放纵，则会使他丧失现实感，混淆虚拟世界和现实世界，长此以往则会增加他的社会孤立感，减少他与家庭的交流及社会参与的程度。

小胜在网络上较少玩游戏，主要的精力都用在"网络社区"。"网络社区"是网络中"群众集会"的公共场合。在这个自由的场合，每个网民任意表达自己的意见，各种想法都得以在人际间流动传递。类似的想法逐渐融合在一起，有时甚至可以引发群体性冲动，或是形成各种各样的思潮。

小胜除了进聊天社区找女生谈情说爱，也经常在论坛里灌水。论坛的每个版面一般都有自己的精华区。精华区集中了论坛中相对有价值、质量较高或内容比较有意义的帖子，通常也是网友点击次数较高的帖子。小胜不断地经营着自己在论坛里的地位，希望自己的帖子能有更多机会进入精华区，供更多人欣赏。有时候一个诱人的好帖子会引来许多网友跟帖，那种感觉就像"引无数英雄竞折腰"，众人瞩目，且具一呼百应的轰动效应。

由于网络的匿名性及其所提供的充足的个人空间，自我暴露不再是一种冒险行为。对于小胜这样对自我暴露深表顾虑的人，网络是再合适不过的一个归属。

他在网络上充分展示了他在传统交流中从来未能表现出来的自信。他躲在网络这个理想的保护伞下和他人对话，免受世俗的伤害，不会有人让他感到刺痛心扉的羞耻和自卑。

小胜的网上之旅就像参加一场没完没了的假面舞会。网络上的"假面"机制，给予了小胜扮演的自由，他好似打造了一张比舞会面具更能隐藏自己的假面，一走进网络就戴上它通宵达旦地狂欢。

此外，有研究发现，寻求自尊的行为和支配感相关。低自尊的人常感觉到无法控制现实生活中所发生的事，难以左右别人对自己的看法。而在网络中他们能对暴露的信息进行控制，只让他人了解自己希望别人知道的部分，通过扮演新的自我或控制自我暴露的程度来增强自己的支配感。

网络是一种从内容到形式都十分复杂的媒体，不同的网络使用者对网络的需要不同，由此会产生不同的网络使用行为，而相同的网络服务功能对不同的使用者也可能产生不同的影响。网络是一把"双刃剑"。对于高度社会化、开放自我的个体而言，他们已经拥有了很多的社会支持力量，如父母的关爱、朋友的互助等，他们能够从互联网中得到更多的益处。他们通过互联网这个交流平台，结识更多的人，扩展自己的人际交流圈，同时运用互联网的便利来加强他们与其支持网络中其他人的联系。因此，此种类型的青少年能够通过互联网使用获得更高的社会参与度，对心理健康具有积极的促进作用。

然而，类似小胜这样的网络使用者则容易长时间停留在网络上寻求心理满足，他们回到现实生活中的失落感相应增强，以至于演变成过分依赖网络上的虚拟社会支持，抹杀现实中的人际处理技巧，使本已微弱的人际关系雪上加霜，导致他们在人际互动中更严重的退缩表现，从而产生消极后果。

从这个意义上说，良性使用网络的用户在网上寻求的是关系的"拓展"，与寻求"补偿"的网瘾患者形成鲜明的对照。他们也进入因果循环中，只是与后者的不同，犹如"富有者更富有，贫穷者更贫穷"的马太效应。

▲悲凉的父亲

古话说："穷人的孩子早当家。"小胜出生于贫困之家，却打心眼里瞧不起贫穷的父母，认为家庭贫穷缘于父母无能，于是对父母产生了鄙视心理。小胜的父母整天辛勤劳作，换回的却是儿子的鄙视，这不能不说是一种失败的家庭教育。

小胜的父亲送小胜来到基地接受治疗时，我们见了面。小胜的父亲身材特别瘦小。过重的生活负荷，加之本身体弱多病，让五十来岁的他已经躬腰驼背，看起来比实际年龄苍老很多——瘦削凹陷的脸颊上布满皱纹，头发凌乱地支棱着，眼角无力地耷拉下来。

在与小胜父亲的交流过程中，我发现他很少抬眼和我对视，总是微低着头，目光落在面前办公桌的桌沿，间或扫一眼我坐的位置但并不看向我。我能读到他眼神中的戒备和怯生生的感觉。进门没多久，可能是因为有些紧张，他不自然地问我："我能不能抽烟？"当他大口抽上烟时，情绪平静了许多，开始倾诉自己的无奈。

劣质的烟味直冲我的鼻腔，可小胜的父亲就是长期抽着这样的烟，而且还经常大口大口地喝着廉价的烈酒。

小胜说爸爸醉酒后不能控制暴躁的脾气，对他的态度会更糟糕。小胜的父亲曾经因严重的胃出血而住院治疗，也只有在那段时间，小胜喊过他"爸爸"，而且表现得比平时更乖巧懂事。

不难想象，在生活的重压面前，酗酒抽烟是小胜父亲仅有的一种发泄方式——无论对自己的身体造成多大的伤害，无论在孩子眼中显得多么软弱无奈，至少能够暂时麻痹他痛苦的神经。

小胜的父亲认为自己没文化，没社会关系，无能无权又无势，已经受够了生活的艰辛，孩子只能靠学习才有出路。对于社会经济地位偏低的父母而言，生活的压力迫使他们把主要精力用于养家糊口，很少有时间与孩子交流沟通，常常在教育孩子方面易急躁、缺乏耐心，对孩子的教养采取简单粗暴的方式，对孩子的情感表达或支持较少。小胜的父母便是如此，而且，他们因为自身文化水平较低，不能辅导孩子学习、形成良好互动，使孩子对学习的兴趣也有所降低。另外，小胜的父亲把贫穷当成是件可耻可鄙的事，不能理直气壮地教育孩子，孩子自然也找不到自信的理由，转而想极力掩饰自卑，拒绝接受残酷的现实。

小胜经常幻想自己能超群出众，身获重誉，为此他舍得付出一切代价，甚至牺牲宝贵的情感。小胜的价值观已经有被扭曲的趋势——他曾说读书的目的就是"钱"，钱似乎可以超越一切。如果任其发展下去，也许他会成为金钱的奴隶，成为唯利是图的人，而钱甚至可能成为他未来触犯法律的心理动因。更严重的是，如果他被某种情境刺激，未来一旦犯罪也会理直气壮，而且会在犯罪过程中体会到报复的快感。

当社会中的差异性逐渐变大，地区发展、社会地位、收入方式及数额的不同会造成人们生活水平与生活方式的不同。一个其他群体的相对多得或自己群体的相对少得，都会引起相对的剥夺感。相互攀比的心理易造成内心的不平衡，这使得很多父母把自己未能实现的愿望寄托在孩子身上，希望孩子的"优秀"能够弥补自己在现实中的受挫感。

父亲在孩子社会性、情绪和认知等方面的发展中起着重要的作用。无论他们未成年的孩子处于哪个发展阶段，父亲的个人心理特征都会对孩子的成长产生影响。如果父亲在社会上的生存发展不利，可能有意无意地将个体精神的迷茫和混乱以及对社会的信仰危机传达给孩子，向孩子灌输怀疑或仇怨等思想，导致孩子既不能正确地悦纳自己又不能友善地宽容别人，不能坦然面对挫折，这样极易使其产生人格方面的障碍。

小胜的父亲在压力面前表现出心理适应困难的一些特征，如消极的人生态度、较低的自尊、较高的抑郁水平、敌对的社会情感等。这种情况下，他如何能提供给孩子更多的社会支持和温情表达呢？

◬超越自卑

小胜因为被哄骗入院，在初期对父亲的情绪反应非常强烈，发了一大堆牢骚，好像父亲已经伤透了他的心。可是慢慢地，他有点想家了。他本身对"家"的依赖性很强，加之舍友情绪波动的症状让他感到环境的威胁，这让他更想回家了。在那一阶段，他曾多次向我表达要回家的想法，当然他说是因为觉得家里安全，而不是因为想念父母。

谁又能把对家庭的安全温暖的渴望和对父母的思念分得一清二楚呢？这二者之间本没有明显的界限。无论小胜如何不甘心生于一个困顿的家庭，他毕竟在家庭里享受过爱和温暖。

我引导他重温更多的往事。他回忆起父亲辛苦劳作，尽自己所能支撑这个家；哥哥很早就出外求学，父母把更多的精力放在他的身上，他们虽然财力有限，但宁愿克扣自己去满足他的要求；父亲经常不给他好脸色，但是偶尔在条件允许的情况下会给他买喜欢的衣服，而且每次有好吃的，父亲都会给他留着。

他承认自己学习非常不努力，小时候不懂事，还把不用功学习当成反抗父亲的一种方式，这也是他学习不好的原因之一，结果让家里往学校交了不少额外的费用，增加了父亲的负担，不得不找更多的兼职工作维持家用，这又使父亲的身体状况每况愈下。

我问他是否为父亲担心过，小胜眼圈一红说，父亲胃出血住院的时候，他看见父亲病恹恹地躺在病床上，担心父亲的病情加重，心里既害怕又难过。

其实小胜对父亲有着一种矛盾的情感。他有时候埋怨父亲不能给自己一个好的出身，还总拿自己和哥哥比较，让自己承受了巨大的心理压力；但有时候看见父亲的悲凉苦涩和郁郁寡欢，他心里也是一阵辛酸，这也是促使他强烈渴望成为成功者的原因之一。

出院前，倔强的父亲对小胜说："一直以来，我给你的批评太多，总想拿你哥刺激你，其实你就是你，你有你的优点。"我在一旁鼓励小胜亲自说出他曾想让我转告他父亲的话："我一直希望爸爸能给我一些鼓励而不是打击，我已经浪费了很多的时间。还有，我希望爸爸以后能让我参与更多的事，不管是家里的什么事情都行，不要总把我当成什么事都不懂的小孩。"

小胜为了学习人际交往技巧，参加了这方面的团体治疗小组。

在治疗快要结束时，我给他布置了最后一个任务，让他对我们治疗小组的成员进行演讲，演讲的内容就是对自己的认识。因为他喜欢写作，在治疗中，我给他布置的作业多于别的患者，一是让他记录自己的偏执观念，加深对自我的认知，二是让他写一些思想和情感的体验等。

我赞赏他的文笔不错，建议他好好准备一下演讲，而且我也很期待——演讲的文稿将作为离别的礼物，送给我当作纪念。小胜很认真地对待了这次演讲，写了文稿并全部背诵下来。面对大伙，起初他很紧张，慢慢地，他开始找到了感觉。事后他对我说："当我克服了紧张后，便喜欢上所有人都在倾听我的心声的感觉。"

我也要履行对他的承诺，把他的绘画拿出来，告知他其中的含义。一般而言，我较少向患者解释他们绘画的含义，只是通过这个投射测验进行诊断，针对个别患者也会用于治疗。其实画中体现的很多含义在治疗阶段已经讨论过了，不过如果当初我就向他说明这些，他肯定接受不了。即使是同样的言语、同样的话题，在何时表达出来也至关重要。

小胜回家后，因为功课落下太多，高考成绩不理想，如果复读，考上大学的希望也不大，于是他去了一所民办高校上学，学费是参加工作时间不长的哥哥承担的。小胜在电话里说他仍对同学有警惕心理，但不再对较小的事情有过度的反应，因而更少经历挫折和愤怒，而且虽然他有时对别人的行为感到厌烦，但他已经能够判断和相信对方不一定是怀有恶意的。

也许有人会问：为什么兄弟俩生于同一个贫困家庭，表现却大相径庭？

是的！每个人的"开花结果"不仅取决于家庭和社会的环境因素，也和他自身成长的力量有密切关系，何况小胜和他哥哥的成长经历、人生际遇不尽相同。

在小胜和他哥哥身上，体现出了穷困学生常有的两类不同的精神状态：小胜生性怯弱、怨天尤人，把贫穷视为人生的一大耻辱不肯面对；而他哥哥学习勤奋、成绩拔尖，把暂时的生活艰辛转化为立志成才的动力。

我们无法选择出生于什么样的家庭，只能选择我们想要的生活。

金钱总有消失的一天，但生存的本领和为人之道是取之不尽、用之不竭的。

也许目前我们唯一拥有的就是闪光的理想和勤劳的双手，但未来就在我们的手中。

自卑感可以成为推动人们获得成就的主要动力。"人类所有行为都是出于自卑感以及对自卑感的克服和超越"，著名心理学家阿德勒如是说。

个案启示：你不飞，却让孩子飞？

有时候，我们会听见为人父母者这样的自述："我这个人，没什么本事，就希望我的孩子……""我活着就是为了孩子，甚至要我的命都行。"

这些话虽然令人感动，可是通常能感动别人却不能感动他们的孩子。如果父母希望孩子负责任地生活，那么，他们必须先从自己做起，才能教会孩子自爱自重。

小胜的父母因为家境贫寒，自视处处低人一等，悲观颓丧，整体生活状态颇为消极。社会不公平等负面的社会印象使他们失去前进的动力和勇气，而在这些负面印象背后的潜台词是："不是我自己无能，是老天、是这个社会没给我们机会。"

小胜曾经告诉过我他家中的一些生活小细节：他的妈妈宁愿天天去和邻居聊天发牢骚，东家长西家短，也不愿意拾掇家。家里经常堆满了各种各样的东西，有几天没洗的衣服，有舍不得扔的包装盒，地上散落着食物的残渣，杯子里有喝剩了很长时间都没有倒的茶水，茶几上是已经变得干巴巴的香蕉皮。"有时在家走路像跳芭蕾，无处下脚。"在衣柜里找件衣服，也不是一件容易事，一打开柜子，衣服就哗拉拉掉下来，因为他妈妈不叠衣服就直接塞进柜子里。

小胜的父母在生活困境面前，无比渴望自己的家兴旺发达，可他们并没有做出实际的行动。家宅的模样就是居住人的精神状态。小胜家中无序的生活状态反映出了小胜父母混乱不堪的内心。如果一个人渴望拥有积极进取的人生，那么，他是无法靠喊口号或乞求来达成愿望的。在过上他想要的生活之前，他能努力去做的是拥有充沛的生活热情，认真对待生活中的一点一滴，这样才能做好抓住每一个转机的准备。

随着孩子慢慢长大，他们对父母和家庭会抱有一些理想观念，希望自己的父母是个什么样，希望家庭是个什么状态。他们会因此欣赏甚至羡慕别人父母身上的某些特点，如：别人的爸妈更有才华、更有修养、更温柔、更富有等等。对此，我们可以这样看待：谁都希望自己的父母是有价值的，父母就是孩子的来路，父母的价值就是孩子存在意义的源泉所在，而只要父母有核心的内在价值和顽强的生命活力，他们身上的大小缺点都无伤大雅。

这个观点适用于所有家庭。我曾经遇到一个个案，男孩的父亲在外打拼挣钱，母子两人天天在家"享福"。男孩的母亲经常坐在客厅沙发上看韩剧，一会儿哭一会笑，专注地在剧情里完成一次又一次精神恋爱；男孩辍学在家，成天在网上玩打打杀杀的游戏，在假想中征服全人类。妈妈嫌弃孩子不务正业，孩子鄙视妈妈空虚无聊。

需要治疗的只是这个男孩吗？

男孩的母亲沉浸于不切实际的浪漫幻想，希望借此缓解焦虑、失望和寂寞。也许有人会说："每个女性都有浪漫的权利和自由。"但痴迷于空洞的浪漫只会妨碍女性面对现实，所谓的坚持浪漫其实是一种拒绝长大，只会让她们和生活之间产生无谓的对抗。男孩的母亲需要脚踏实地，接受成长，做一个真正的母亲。

男孩在接受了一段时间的治疗后，问他母亲："你能不能去做点有意义的事？"男孩的母亲在看到孩子的改变后，断了韩剧瘾，去学习了插花和油画，开始通过艺术来表达她内在的丰富情感。她不再为了肥皂剧哭哭笑笑，也不再被孩子笑话肤浅无聊。在这个案例中，孩子鄙视家长的结果会让他更鄙视自己，母子需要共同治疗。

为何有些家族源远流长、人才辈出？他们凭借的不是家财万贯，而是一种生存的精神力量。促成他们血脉相连的也不是共享的家产，而是共享的精神财富。精神的代际传递，是一个家族最大的宝藏。孩子需要能够从父母身上获得比财富、成功、名誉更重要的东西。要实现这一点，首先，父母自己需要具备良好的社会功能，这不是说他们必须事业有成，而是他们应有正常的精神状态——不厌世、不虚荣、不空洞、不懈怠，否则自顾不暇，何来精力和心力去支持孩子的成长？其次，一个人生而为人，尤其身为父母，需要有一种向上的姿态——对自己是看重的，对生活是努力的，对所有人是关切的。这种积极的生活态度无关学识与职业，它是父母能给予孩子的最基本的精神财富。

为人父母者应向孩子展示他们自己的内在价值，从而指引孩子找到属于自己的人生方向。没有内在方向的生命是种犯罪式的浪费。

成长环境

⊙ 父母向孩子传递自身的空虚感和人生的无价值感；

- 父亲经常性的语言攻击和身体攻击;
- 父母不断拿孩子与他的哥哥进行比较,并对孩子加以过多的贬低和责备;
- 父母将自己对生活的痛苦感受传达给孩子,并转而对孩子寄予过高的期望;
- 家庭不健康的生活方式和生活态度。

第七章
超越"占有"

▲被宠溺的孩子

小权来到基地时,情绪十分低落。他举止懒散,佝偻着背,低着头,走路时目不斜视,对其他人视而不见。

这个17岁的男孩,在治疗室经常哭得像个泪人,原因是他非常想家,而不是想网络游戏,好像妈妈已经把他抛弃在基地似的。当然,如果回家了,他想的又只是游戏了。

小权在治疗室里哭,小权的妈妈在家里哭。刚入院才两天,小权妈妈就打了不少电话追问孩子的情况,而且边问边哭。当她知道孩子想家后,更是泣不成声,恨不能放下电话就来接小权回家。

无论是日常生活还是与人相处,相比于其他孩子,小权显得更不能适应新的环境。他甚至不愿意穿上基地为患者统一配发的迷彩服,只想穿自己带来的那些名牌运动服。

小权也不喜欢基地的饮食。小权在家经常挑食,妈妈对每顿饭的安排都要事先征求他的意见,冰箱里随时堆满为他准备好的饮料和进口水果。因为家境富裕,小权的日常生活要求都能得到满足,而且他衣来伸手、饭来张口,备受溺爱。从小权记事起,他从来没有洗过水果。他吃水果已经有一套固定的程序:妈妈把水果洗干净,削了皮,切成片,再亲自用牙签戳起小果块递给小权,有时还会直接举到小权嘴边，小权只需张口就行了。

小权和妈妈去吃自助时，小权从来没有离开过座位去拿自己爱吃的，都是端坐在餐桌边，等着妈妈一趟又一趟地把食物拿过来。

平时小权和妈妈去逛街，不用开口，妈妈就会带着他直奔运动品牌卖场店。小权总是衣着光鲜，从里到外从上到下的衣物都价格不菲。他家所在的城市消费水平并不高，因此一身名牌的小权常常引来同学的侧目。

小学时他是班里唯一经常在寒暑假坐飞机四处旅游的学生；初中时他是班里最早拥有手机的人；目前小权就读于一所重点高中。若凭个人实力，小权根本进不去那学校，但小权对妈妈说他一定要上那所学校，父母便花钱让小权挤进去了。他们宁愿认为孩子懂事了、上进了，而不愿承认小权只是对"看上去很美"的事物有很强的占有欲——"好东西我应该有份的呀！"

小权任性地挤进重点高中后，成绩每况愈下，尽管一身名牌，他仍找不到自己在班上的位置，而且成了众人皆知的"坏典型"。父母有能力让他进学校、坐好座位，却没有能力让他讨人喜欢、成绩优秀。渐渐长大的小权发现自己越来越不可能奢望所有的人都像妈妈那样宠爱自己。

起初学校因为小权逃课而通知家长要处分小权时，他怕承担责任，便在妈妈面前替自己辩护，撒谎说他只是闹肚子经常上厕所而被学校冤枉了。有时候为了逃避上学，小权也以身体不舒服为借口。妈妈完全相信了他的谎言，像受了侮辱似的理直气壮地上学校闹腾，说学校冤枉了小权。后来当小权逐渐堕落在网吧里，逃课违纪日渐频繁，小权妈妈才恍然大悟，但她依然不接受退学处分，小权还是被强留在学校就读。

不过，小权妈妈之所以如此不能接受学校对自家孩子有丝毫怠慢，不仅是因为她过于相信小权，还有部分原因是她无可匹敌的优越感不允许他人破坏她的骄傲。小权爸爸在当地是有头有脸的人，身居要职的权贵之家岂容他人轻易在自己面前不恭不敬。小权妈妈已经习惯凡事首先考虑的不是自己的过失，而是别人的过错。周围许多人的趋炎附势、阿谀奉承，已经使她习惯了时刻凌驾于他人之上的高贵姿态。

她也自以为是地认为，他人接近自己，是为了有所获得，是有求于她。她不由自主地高昂头颅，像傲慢的公主一样俯视芸芸众生。小权尚且年幼之时，妈妈就开始给他灌输类似的思想。

那时候他们住在单位的公寓房，毗邻而居的都是小权爸爸的同事，小权的小伙伴们自然是同事们的孩子。小权妈妈怀疑孩子们的友谊没有那么单纯，同事们意在通过孩子巴结自己家，另有所图，还认为那样普通人家的孩子没有什么资格和自己家的公子平起平坐，一起玩耍。她像母鸡护着小鸡一样事无巨细地呵护着小权，把他拢在自己的翅膀下，不允许小权轻易和那些在她看来身份更低的小伙伴们接触，这样，那些"粗"孩子们就不会伤到自己身娇肉贵的儿子了。她说："我儿子性情挺简单的，我就怕他受欺负。"小权入学后，妈妈时常盘问小权社交情况，对小权的同学多持怀疑和否定态度。因此小权在空闲时间里，少有同伴的陪同。

同伴对儿童发展起着重要的作用，心理学家皮亚杰曾提出"童年时代的两个世界"：一个是父母与儿童相互作用的世界，一个是同伴世界，它们分别以不同的方式影响着儿童的发展。

小权的妈妈一直抑制着小权和同伴的接触，直接干涉和监控孩子的活动及其与其他孩子的游戏，没有促成小权与他人形成积极关系。实际上小权只有通过与人交往，经历从认识到熟悉再到亲密的友谊关系这一系列过程，才能掌握应有的社会交往技能。

至今，小权没有找到一个愿意与他结伴或能够符合他要求的朋友，这让他感到十分失望。尽管他很渴望好朋友，而且试图结交朋友，但他和班上同学就是合不来。

◆权威之下

按照基地常规，在患者办完入住手续的第二天才给他们安排心理医生，所以最初和小权妈妈接触的是接诊员和临床医生。入院当天，小权的妈妈对基地工作人员的口气就像是安排下属工作。入院后，每当她打电话来了解孩子情况时，一旦主管医生不在办公室，她便口气非常生硬地要求接电话的人立即去把医生找来，好像医生应该时刻坐等她的来电。

来到基地的患者一般没有主动自觉的求治愿望，大多数都是父母单方面希望孩子接受治疗。而孩子网瘾治疗中相当重要的一部分是对其父母的治疗。从某种意义上说，心理医生同时是患者和其父母的医生。

从最初和父母的接触开始，治疗的序幕就已经拉开，父母对心理医生的信任感决定了他们对治疗的信心、对治疗的配合、对治疗过程中患者可能出现的各种情况的坦然接纳，甚至是对治疗失败的理解。当然最重要的是，患者结束治疗后，回到他以前熟悉的环境，父母不能和他延续从前熟悉的互动，而是要努力尝试更为理性有效的应对模式，这样，我们才会更有希望看见患者令人欢欣鼓舞的成长，而且是持续性的、层层递进式的成长。

从我现有的治疗经验来看，患者可能出院时像一艘鼓足气力、张开了风帆的帆船，准备向前乘风破浪，可回家不久，风帆就瘪了，只能在岸边搁浅，生命只能再一次停止前进的脚步。正因为父母的重要性，心理医生和他们的交流在很多时候也是治疗性的谈话，也需要认真考虑和他们的交涉、谈话应该如何奏效。

我们常说心理咨询师不应该强调咨询师的角色，应体现平等感，这是建立良好咨询和治疗关系的重要因素，但这样的理论和方法是以西方文化为背景而产生的。中国作为一个有数千年历史积淀的东方古国，与西方存在巨大差异，所以还是要考虑将患者放到他所处的社会文化背景中去做系统的思考，而不是将纯粹西方式的心理治疗的理论方法当成心理治疗的圣经。

比如说，以罗杰斯的"当事人中心疗法"为例，中国人不一定能理解其背后的哲学思想和人性观假设，甚至就连患者这个当事人本身，也很可能不会认同把自己作为中心的疗法的价值观。很多中国患者更有可能期望咨询师是"权威者"，能对自己进行某种具有指导性或者影响力的治疗模式。

当然如果把持不好，这种将咨询师视为权威的做法也可能拉大当事人与咨询师之间的距离。所以，在"权威"与"人本"之间找到一个合适的度，对处理好咨询关系十分重要，我们需要塑造的是一个平易近人的权威专家形象。而且，针对不同人格类型的当事人，应该在"权威"和"人本"二者上有所偏重。单纯地将西方的"人本"理论应用到实践过程中，有时会给患者带来很大的困扰，并且导致咨询和治疗缺乏实际的效果。

正是考虑到中国的特殊国情，咨询师在当事人面前塑造权威形象的环节显得较为重要。尤其是对小权妈妈，在方法上，相对于"人本"，应该偏重"权威"的成分，否则，我和她的交流将举步维艰。

面对权威，人们会产生一种暂时性的心理无能并表现出顺从。德国学者阿多诺曾提出的"权威人格"概念。权威人格一方面表现为极力服从、推崇、依附更高的权威化身，另一方面表现为靠欺凌弱小来尽力维护、张扬、炫耀自己的权威力量。

咨询师或许不具备通常意义上的权威，但可以通过自己的专业水平来确立自己的权威性，而且咨询师往往从开展工作之初就可能受到当事人的考验。尤其是笔者本人当时由于年龄尚轻，在患者家长大都认同老资格的旧式心态下，只有让当事人充分认同了咨询师的专业权威后，他才能更有诚意配合咨询师的工作，吐露更多事情的真相，主动展现更多的自我，按照与咨询师确认的方法行动或者做出改变。

考虑到这些，咨询师自身应对自己的专业素养和敬业精神拥有信心，对患者家长不卑不亢、一视同仁，不能轻易屈服于势力的威慑，应心无旁骛地为所当为和为所能为。

在我还没见过小权妈妈之前，就已经从与她接触过的工作人员那里了解到一些情况，心里事先有了底。第一次我们约好三点钟见面，而她却两点钟就来了，可在这个时段我已经安排了另一位患者的治疗，她敲门打断治疗并要求我先和她谈话，将该患者的治疗时间推后。我对此只能表示歉意后断然拒绝，并告知她治疗时间内严禁打扰。

说句实话，工作时间的安排并不一定非得如此刻板，而且被她打断的那一刻，我对那位患者的治疗还没有正式开始，患者只是刚进入治疗室，如果当时改换安排尚且来得及。有时候因家长有急事，对时间做一些调整是十分正常也是时有发生的，我们也尽量在力所能及的范围内多行方便。但小权妈妈的行为所想表达的内容是：她作为特权阶级，比别人更有优先权。所以对于她，我们只能按部就班，只有暂时去除了她心理上的优越感，我们才可能平心静气地平等对话。

小权的妈妈进来时，脸上带着愠怒但又无从发作。我装作什么事也没有发生过，若无其事地和她讨论起小权的情况，因为小权才是我们共同关注的焦点。

小权妈妈的倾诉欲望很强烈，表情紧张地不停说着她对小权的担心。最开始我没有打断她如饥似渴的表达，等到觉得时间差不多了，我突然笑着问她："对于小权，有没有什么方面是你不担心的？"她沉默了。我接着说："这是你的担心，不是小权本有的，在某些方面也许你是该想想小权到底发生了什么，但在某些方面也许他并没有那么糟糕。"

随着谈话逐渐深入，她了解到更多她的洞察力所不能及的范畴，她慢慢表现出谦虚，渴望得到更多关于小权的分析。小权妈妈能那么快进入应该有的状态和对专业权威的认同，和她已经极端无助、非常渴望得到帮助的愿望也有着紧密联系，这也是我得以与她顺利开展专业工作的基础。

当然，专业权威的树立，无论如何都不是为了摆出一副盛气凌人的专家形象，而是为心理治疗的疗效这一中心而服务，并时刻以此为本。

▲鼓励依赖

在中国，类似于小权这样的孩子太多了，他们处于和母亲"共生"的状态——他们在年龄上虽已经长大，可在心理上还好似嗷嗷待哺的婴儿。心理学上的"共生"不是一种相互依存、互惠互利的形态，而是指互相寄生、彼此毁灭的互联关系。

一方面，母亲喜欢溺爱孩子；感觉自己被孩子需要，满足了她一种基于控制欲和优越感的自恋需求。一腔母爱本无可厚非,但如果母亲自己需要孩子的欲望强过放手让孩子独立成长的愿望时,母亲就会对孩子的控制多于关注。另一方面,在溺爱环境中长大的孩子也会紧紧抓住母亲,不愿去体验新奇而充满风险的生活。孩子担心如果失去了母亲的保护,没有母亲替他做主,生活便无以为继,从而强烈地依赖他眼中强大而无所不能的母亲。他们不再是两个独立的个体,而是合二为一了。

当然在意识层面,没有一个母亲不希望子女学会独立,能自主地面对生活,但有时却很难落到实处。她们往往不能自控地使子女养成对自己的依赖感,从而满足自己的情感需要。根据"分离焦虑"理论,孩子害怕离开父母,是因为过分的保护已使孩子缺乏独立能力;但同时母亲对孩子的过分保护和支配,又会使孩子产生一种焦虑、敌意和罪恶感,并造成孩子对母亲本身的畏惧与敌意。这反映出父母和儿童之间的一种复杂的相互关系,即相互敌对的依赖关系。

这种矛盾的关系,使母亲和孩子都产生了一种被压抑的相互敌意。孩子有可能对母亲提出种种无休止的要求,这一点在小权身上主要表现为对物质生活和享乐的欲望不停地膨胀,而小权母亲仗着家底殷实,不停地满足小权的要求,从不加以必要的干涉,似乎希望以此换得与小权更多的情感交流及和平共处的机会,忽略矛盾的客观存在。结果事与愿违,母亲和孩子间的矛盾和敌意与日俱增。

这种母子之间压抑的敌意在孩子青春期更为严重。据小权妈妈说,好几次他们去吃自助餐,当她把食物拿到小权面前时,小权突然发脾气不吃了，而且挑剔妈妈拿的东西不是自己爱吃的，结果一顿饭下来不欢而散。其实小权的口味并没产生变化，但这样一个弱小的、需要被无微不至地照顾的"我"，恐怕连他自己都无法接受！

青春期是孩子从儿童期到成年期的过渡阶段。这个阶段的青少年会希望自己变得更加独立，脱离性和反抗性这两个特点在他们与父母的关系中表现得日益明显，同时，他们对父母的依赖性也依然延续着。小权在思想上渴望独立自主，但其能力的不足和性格的懦弱，使他在客观上不可能实现独立，从而加深了内心的惶恐。对于现状和未来，他根本不知该如何履行自己的权利，真正承担起自己人生的责任。在小权身上，独立与依赖之间的矛盾比在常人身上表现得更为剧烈，而他对青春期分离焦虑的处理也显得困难重重。

我国传统的家庭文化氛围较之于西方而言，因分离焦虑而使青少年产生的对自身经济独立的焦虑相对较低，因为大部分人并不会面临一到18岁就要赚钱养活自己、得不到父母支持的困境。而这种情况应该有助于帮助青少年应对分离焦虑，因为他们拥有了更多的缓冲、更充分的准备时间。遗憾的是，对于不少青少年来说，对分离焦虑的过长的处理时间反而加强了他们的依赖性，而现有的家庭教育和学校教育中又缺乏对于青少年独立性和身份认同确立的培养。

分离焦虑会伴随人的一生。青春期是分离焦虑的第二个高峰期，在这个阶段，个体发展的任务便是能够形成新的客体关系，摆脱对原始客体的依赖（"客体"一词是由弗洛伊德创造的专业名词，指的是对个体有特别意义的人或事物）。个体用来处理分离焦虑的策略，是通过对过渡性客体的使用而形成的。

青少年们会通过很多过渡性客体来应对分离焦虑，最常见的便是同伴和偶像。这时候青少年"自我"的各个部分会在父母、同伴、偶像身上进行不同的投射，通过处理其中交织的正面投射与反面投射，逐步成长。投射是一种心理防御机制，它使得个体将个人的欲望或冲动投射于他人或外界的其他事物。

也许孩子在很小的时候就有朋友，但从青春期开始，同伴对孩子的态度和行为的影响才能够与父母的影响竞争。在与同伴的交往中，青少年决定要成为哪种类型的人以及要发展哪种关系。如果父母对青少年的同伴和偶像随便贬低，这往往和他们无意识中的嫉妒、羡慕、竞争意识有关，在孩子眼里父母的这类行为具有攻击和控制的意味。

小权妈妈发现儿子的脾气越来越坏，从前她还能唠叨几句，现在只要一说起小权的同学，小权就开始冲她吼叫，不想听她发表任何关于交友的言论。其实这时即使仅仅是一句来自母亲的普通问候，也会被小权当作是母亲想要控制他。母亲发现和小权的交流越来越困难。她说："难道我这个做妈的还没有你那些朋友重要吗？"

小权的妈妈发现自己常常要与小权想要交往的同伴"竞争"，以防小权学坏，其实这时候父母需要做的是帮助孩子更加全面地了解其同伴和偶像，而不是粗暴地限制其交往和追随。不过对小权妈妈来说，从绝对的控制到给予小权独立性，通过允许小权的反抗意识和脱离对自己的需要来承认孩子的成长，实属不易。

由于同伴成为越来越重要的社会支持来源，小权也表现出比童年时期对朋友更深的渴望，从而产生越来越多被拒绝的焦虑，到最后，小权的社交焦虑完全来自"自己社交技能很差"的信念，而不是来自群体的实际拒绝和排斥。不仅是小权，许多有退缩型社会障碍的孩子都有此信念。

不难看出，父母在教养方式上过分保护孩子，对孩子处理分离焦虑、处理青春期的情绪、与同伴交往都有害无益。另外从临床现有的不少个案还可发现，"学校恐怖症"是网瘾常见的并发症之一，这也是由于患者受到父母的过度保护而产生无法解决的分离焦虑所引起的。

母亲的过分溺爱和保护使孩子养成了依赖性，孩子潜意识中对母亲过分溺爱的抗拒使其敌对情绪日益强烈。对母亲的依赖与敌意束缚了孩子的自我发展，因此他们想方设法将这种矛盾引起的焦虑投射到老师或学校。因此，也可以说，"学校恐怖症"是父母和子女之间不良的依赖关系在孩子身上的体现。

▲ 父爱缺失

在小权妈妈对小权悉心照顾的同时，小权的爸爸在埋头苦干，以创造丰厚的物质条件。小权爸爸很少在家里露面，甚至节假日都在辛勤工作，即使在家也较少和小权交流。别看小权在妈妈面前敢说敢做敢耍赖，他一到爸爸面前就开始打蔫，不太敢正眼看爸爸一眼，爸爸在他面前有绝对的威信。

小权的爸爸平时难得有空过问小权的情况，但后来得知他网瘾日益严重，甚至会逃课去网吧，便忍无可忍跑到网吧揍了儿子一回。这是小权第一次挨打。当时小权无法接受，像发了疯似的跑到河边，并打电话威胁妈妈说自己要跳河自杀！这可把他妈妈给急坏了，在电话里声嘶力竭地问清楚小权所在的位置，连忙开车过去把儿子接回来。回来以后，小权的父母之间又展开了一场大战。

小权妈妈理直气壮地质问小权爸爸："儿子你从来不管，现在你竟然揍他！你凭什么揍他？"小权爸爸也不甘示弱，振振有词地说："男主外，女主内！我在外面拼命工作，小权一直你在管，你看现在他都成什么样子了？……"

如果我们简单认为小权的父亲是为了家人而成为工作狂，这样对他的行为的描述似乎不太完整，毕竟生活的概念要比工作大得多，生命的意义也不能仅仅依靠工作上的成功来证明。如果一个人过分依赖职场竞争带来的成就感与充实感，却忽视对个人生活和家庭生活必要的经营与维护，一味进入工作狂的状态，那么，他虽然看上去"勤奋上进"，但事实上可能在逃避现实、补偿自卑或抵御某种恐惧。

小权的父亲被成功和权力的幻想所迷惑，相信自己是特别的、唯一的。他喜爱这种特权者的感觉，喜欢他人有求于自己，烘托出自身高高在上的地位。为此，他愿意付出超乎常人的时间和精力，强迫自己追求完美。

难道说像小权的父亲那样上进心强、工作卖力、充满抱负，居然是种病态？是的，从心理层面上分析这恐怕不是一种正常状态，因为他在生活中没有健康的平衡。他和小权一样"上瘾"了，只是小权对网络成瘾，而他是对工作上瘾，并且因此破坏了美满的婚姻、幸福的人生。

当小权的父亲回到家庭生活中，他依然不能或者不舍脱下那一身荣耀华丽的身份外壳，每次对小权说话时，都要保持他一贯的"我说你听"的尊卑关系，延续他作为领导所拥有的最高控制力，无视孩子的独立价值和个人权利。小权的父亲在与儿子有限的交流中，通常都是阐述自己的观点，或者骄傲地回忆自己的奋斗史，说一些人生的大道理，激动时会问小权："你怎么就不能像我一样吃苦呢？我如果像你这样好吃懒做，能有今天吗？你到底是不是我儿子？"父亲没有充分的耐心去倾听并尝试理解小权的立场，倾听他在成长过程中所体会到的种种变化和感受。他的武断，无意中已经伤害到孩子的自尊心。

小权的父亲没有很好地进行角色转换，即从领导转换为人父，所以他虽然有较高的职业成就，但在生活中只是以自己的欲望和需要去理解和要求孩子，在沟通中缺乏和小权共情的能力。所谓共情，即一种能站在对方角度体验他人苦和乐的内省力，这种能力的中心是去理解他人的复杂行为及其意义。

一个人如果缺乏共情能力，将不可避免地出现亲密人际关系上的困难，遭遇生活困境，如恋爱婚姻问题、亲子关系问题等，而且在事业受挫时承受的影响和压力也会大于常人。当然换一个角度来说，小权的父亲对待儿子的特征和方式也深受传统儒家"君臣父子"观的影响。如精神分析学家霍妮所言："病态人格本质上来源于特定的社会文化对个人施加的影响。"

从现有的对网瘾患者的家庭调查中可以发现，与小权的父亲有着类似人格特点的家长不在少数，只是程度有深有浅。他们大都人到中年，与妻子感情不够融洽，对孩子的不认可甚至有些贬低意味，并且一味投入工作、忽略家庭。中年人由于感到自己的生命力和竞争力正逐渐从旺盛走向衰退，有可能产生焦虑情绪，此时他会采取很多防御方式来对抗和否认这一点，拼命工作是自我防御的一种常见方式，无意识中出现对孩子投射性的贬低也是一种方式。

所以在现实生活中，父亲"淡出"家庭教育的现象颇多。"淡出"的父亲不能提供子女在青少年期需要父亲发挥的重要作用。父亲对孩子的影响作用从少年期到青年期逐步增大，在儿童和青少年的性别角色社会化中的作用更是不容忽视。如果父子关系冷淡，孩子在人际关系中就会有不安全感，常表现为自尊心较低、焦虑不安、不容易与他人友好相处等。

小权在与父亲沟通时，表面看来他对父亲言听计从，但实际上，他是不敢畅快地表达自己真实的想法和感受，不敢与父亲讨论学业、人际关系等各个方面的困境，害怕会引起父亲的不满后反遭到严厉的呵斥和说教，所以经常假装顺从和维护父亲的权威。可是，这样的沟通状况早已引起小权内心的反抗，父亲的过多控制更使他的基本情绪情感需要得不到满足。他无法从父亲那儿获得力量，来缓解和解决自己的困境。

一个人是在成长过程中逐渐建立自我价值的。在孩童时期，身边的成人如何引导他去理解每一件事、如何做出行为反应，决定了这个人能否培养出足够的自我价值，而父亲的教育方式与儿童认知表现、社会性表现的相关性，高于母亲的教育方式与儿童表现的相关性。

小权的父亲与孩子微弱而又不良的互动，严重影响了孩子的成长，而不是像小权的父亲所言，是小权的妈妈没有管理好孩子，这样的说法完全是推卸责任。接小权出院时，在治疗室里夫妻俩还在争执失败教育是谁之过的问题，小权的父亲理所当然地认为："像我这样优秀的人怎么可能教育出小权这样的孩子呢？都是你做妈的给惯坏的！"不仅是小权在父亲面前找不到自我价值，小权母亲在丈夫面前也没有足够的自信。

小权的父亲勤于工作，他在工作上付出的时间和精力越多，在家庭生活中的时间就必然缩水；体验到的职场压力越强，在情绪上就越易对孩子急躁和缺乏耐心。那些工作声望高、需要把很多时间和情感投入到工作中的男性，与那些工作要求较少的男性相比，更少与孩子接近。很明显，工作作为生活的一个重要领域，可能会塑造父母自身的行为，也会影响父母对孩子的教育质量。

▲过渡性客体

小权在丰衣足食的环境中成长，上小学前就已经出现无法坦然面对失败的苗头，可惜这些苗头不但没有引起小权母亲足够的重视，反而使母亲变本加厉地保护小权。比如和母亲下跳棋连输两盘，或者与别的孩子一同赛跑时落后了，或者老师说了一句有批评意味的话，他都会哇哇大哭，甚至做出过激的举动。后来因违反校纪被学校多次劝退，小权也没有为此做过些许努力，每次都是小权父亲去学校凭着自身的人脉关系交涉后息事宁人。

当然，这不是仅存于小权家长身上的个别现象，许多手中握有权力的父母亲们，都会为孩子上重点学校、调到重点班级，或者为解除孩子不守校纪应有的惩罚而四处活动、煞费苦心。每次在孩子尚未着手处理自己遇见的困难之时，父母就着急地把当事人撇在一边，在自己的能力范围之内不加商量地把问题给摆平了，这样，孩子又怎能学会去面对和处理困难，又怎能了解需要为自己的人生承担什么样的责任呢？

只有亲自体验过世界的人，才能建立起真正的自信和安全感，才能胜任无法预料、不断变化的挑战，经验正是在亲身实践中积累起来的。

儿童与青少年终究要独立地去适应未来社会，当他们走在成长的必经之路上时，自然不可避免地要面对严峻的挑战。如果一个青少年的生理和心理正常的话，他是能够接受一定的失败和挫折的。小权拥有的生活体验一直是养尊处优型。当面临人际关系的复杂、学习竞争的激烈、社会文化的变迁、外界刺激的多元化等各种难题时，他很可能会感到无所适从。

未来社会对个体独立运用自己的理智做出判断和抉择的能力的要求越来越紧迫和严格，父母"越俎代庖"的行为越多，孩子未来面临的困境也会越多。

一方面，小权表现出自卑、孤独等退缩行为，就像他自己说的："假如离开了父母，我觉得自己一无是处，什么都不是！我和同学关系也搞不好，几个来往的朋友也不过是为了蹭吃蹭喝。有些同学，我想跟人家主动交往，他们又不理我。"

另一方面，小权又产生一些狂妄自大、唯我独尊的纨绔思想，他会自我安慰道："好好学习不就是为了将来有好工作吗？找到好工作就是为了挣钱啊。我家里已经很有钱了，我为什么要好好学习？有钱还怕没朋友？"

对于青少年，同伴是处理青春期分离焦虑的重要而现实的过渡性客体，但小权无法找到对自己来说意义重大的过渡性客体。网络这个新时代的产物，就被小权这样的孩子当作过渡性客体而大量使用。

上网意味着营造了自己的人际空间。小权自从迷上网络后，他和妈妈相处的时间就少了，和妈妈的交流也越来越少。青春期的孩子有分离焦虑，父母同样也有。小权的妈妈说起网络游戏就特别气愤，她认为是网络使小权的性格发生变化，对她越来越反抗，好像网络游戏比她这个当妈的还重要，她也被迫面对孩子已经长大、对她的依恋减少的现实。如果父母们潜意识中将孩子作为自我的一部分的话，这种分离就像"自我的分离"，他们会采用各种各样的控制方式来避免这种分离。

在小权的家中，其家庭成员间缺乏"我与他"这种明显的心理界限。诚然，在孩子未成年时，父母需要给予孩子诸多照顾和帮助，但如果父母过分地干预孩子的生活，为孩子做出几乎所有的选择和决定,将孩子当作自己的一部分,没有充分尊重孩子个人的权利,完全介入孩子的"领地",孩子将很难感受到所拥有的权利和所需要承担的责任。

反过来,假如孩子能领会到这种自我界限,就会明白自己的责任所在,因而相应地负起人生的责任。孩子也会学会在社会交往中明确人与人之间的边界,即哪儿能够介入,哪儿是未来社会交往规则中的禁区,从而更懂得处理和同学间的边界问题,在人际交往中的苦恼也会减少。

▲贫瘠的灵魂

在矛盾和挫折面前,小权采取了逃避现实、回避矛盾的态度。他选择在网络游戏中避开现实社会中的一切,随心所欲地做自己喜欢做的事,可他不像有些患者意在获取一种替代的"成就感",以此来弥补自己在现实生活中的不足和失败。他似乎是个没有方向、无所追求的人。家庭给予了他物质方面的满足,却不注重充实他贫乏的精神世界。也许就是因为过多的物质占有,让他疑惑自己生活当中除了豪宅、名车、名牌之外还应该有什么?他的人生观和价值观走入一片懵懂的未知。

实际上,小权在网络里也没有明确的追求目标,如希望自己成为玩家高手等。很多时候他不想在学校上课,可又无处可去、无事可干,这时网吧似乎在张开双臂欢迎自己,于是就去那儿耗时间。小权玩的

第七章 超越"占有"

网络游戏允许玩家之间相互对抗，提倡玩家对战自由化，即不管是谁，不管在哪里，都可以进行对决，又不需要太多的技术和知识。这种游戏最大的可玩性就是简单——技能简单，装备简单。但从游戏性来看，这种游戏又是比较枯燥的，它宣扬的理念是无止境的打怪、练级和对决。在游戏中如果你想强大，最需要的是时间、运气、精力和金钱。

虽然小权在网游中不是那么执着，但看着由游戏时间累积起来而获得的升级还是挺开心。其中偶尔能像扎吗啡似的刺激他神经的是，游戏人物死亡后有一定概率掉落自己所持有的装备。这种带有赌博性质的游戏设定让小权感觉很兴奋。从游戏开发商而言，这种设定是拖延玩家在线时间的一种方式，以便赚取更多的点卡费。

玩家对上网后能得到奖赏并获得一种愉快的体验寄予强烈的期待。从行为与奖赏的角度来看，网络游戏吸引人的地方在于：你不知道行为产生后，奖赏何时出现，也不知道奖赏出现的频率。这种变化的出现频率会吸引人不断去重复同一行为。就像我们所了解的老虎机这种赌博机，你只知道有中奖挣钱的可能，但是却不知道第几次才会中奖。对于奖赏的强烈企求与未知的出现频率，便是让人沉迷于网络的原因之一。

更让小权感到刺激的是，有时候在游戏中只要找到某个魔法或宝器，瞬间便可实现升级梦想。这不禁令他想入非非，世间是否真有魔力，不需努力就能触手可及自己想拥有的一切？所以他也喜欢在网上看网络奇幻文学，因为这种魔法情节经常在奇幻小说中出现。

众所周知，传统的武侠小说中，即使你千辛万苦夺得秘籍，要想获得更高的功力也得冬练三九夏练三伏，方能求成正果。而网络小说和游戏所倡导的是无须再历尽艰险，只要找到魔法或宝器就可瞬间变成高手，这难道不是完全迎合了部分青少年眼高手低却幻想成功唾手可得的脆弱心声吗？

⬢ 不能坚持的脚步

小权在初入院的治疗中，一方面，他与母亲的分离焦虑表现得非常强烈，情绪长时间不稳定，另一方面，相对其他起初不信任治疗师的患者而言，他在起始阶段就比较配合治疗，更确切地说，他很容易就被动依附于治疗师。

他希望我像个神仙似的，能够感受到他所有的心潮起伏和情绪跌宕，并且帮他解决这一切问题，而不需要他付出任何努力。我起初允许某些依赖是为了使小权能专心治疗，完全非指导性的方法可能引起患者太多的焦虑而使其不能忍受，随后我再逐步削弱对他的指导性，鼓励他的自主性和主动性。

最初的治疗中，小权因为特别想回家，所以再三向我要求打电话让妈妈来接他。我让他给我一个放他回家的理由，他说不出个所以然，顿了一会说："我没有网瘾，也没有心理毛病，为什么要待在这儿？"然后撒赖地说我就是应该无条件答应他的要求。

我反问他："小权，这也是我要问你的，你没有网瘾，没有心理毛病，为什么要来基地？我是相对静止的，我比你更觉得奇怪！"

接着我又顺便开了一下玩笑,"你知道吗? 我很高兴认识你,但我更愿意某天去你所在的城市旅游的时候,能在街上看见你这样的小帅哥,而不是在我的工作场合。"

小权低下头,沉默了一会儿,接着把所有的问题都往妈妈身上推了个一干二净,说妈妈怎么误会自己、把自己骗来基地等等。我暂时没有纠缠于他的这种毫无责任感、置身事外的态度。对于小权涉及的所有问题,我只有一个宗旨,就是引导他自主思考和探索。更多的时候我像踢球似的把问题踢回给他,比如,我会问道:"听起来你和妈妈的意见分歧挺大? 怎么会这样?"

总之,不管涉及什么问题,我都努力并小心地使用探索性的方式层层深入,帮助小权找到自己解决问题的途径,而不是直接给予建议。我和小权向着一个方向前进,我知道我们要去哪,我指导的是大方向的走向,但个中细节只能由小权来主理。小权有时候会拐到弯路上,那没有关系,如果前面无路可走,他自然迷途知返。

我相信对于小权来说,这样的一种探索,是在日常生活中从没有经历过的一个自主思维的过程,而他必须学会这个过程! 当小权能看到在完全依赖和完全独立之间有着许多许多步,朝着独立的方向迈出一小步就显得不那么可怕了。

就在小权想家的情绪得到缓解的时候,小权妈妈由于太思念儿子,想来基地看小权。我的建议是从治疗角度不允许看望小权,但如果非要来,可以和我谈谈,但不能见孩子,而且最好是和小权的爸爸一起来。对于我的阻止,小权的妈妈内心不悦,但也未有多言,第二天就开着车赶来了。我猜她心里是想：见不见小权，来了再说。

不知是因为说话声音稍大还是母子连心，小权似乎感觉到了什么，一直等候在治疗室门口不远处的楼梯上。我让基地教官想方设法把他哄到楼上去，并且让教官看护着他，不让他出门。因为只要他看见父母，肯定是寻死觅活要中断治疗离开基地，致使前功尽弃。我和他父母谈完，妈妈的心情已经平静下来，打算不见儿子直接回家，正和丈夫一起走出基地大门往外面的车里走，就在这时，小权突然在楼上的窗口像疯了似的冲着他们喊着："妈！带我回去……我要回去！你们带我回去，我就不上网了……"

他不停地重复着这些话，小权妈妈没有勇气把脚迈出去，不敢出门看楼上的小权，僵在门口泪如雨下。小权的爸爸又气又急，来回走了几圈，拉着她就往外急步走。小权狂喊着："你们不接我走，我就不吃饭，饿死我吧！……"

看到这里，也许你会想到这种强制的做法完全违背了我们一般意义上的心理治疗，是的！很多没有求治欲望的网瘾患者，在被送到基地时是处于完全失去行为自控的状态，他们会通过歪曲自己的想法来使自己的行为合理化。尤其是青少年，脑部控制神经冲动与刺激的部分尚未发育完全，在压力面前更容易情绪反应强烈，情急之下会大肆发泄，更何况网络成瘾的病态会加剧他的情绪波动。但如果因此放弃治疗，将是令人遗憾的。一旦他情绪平静下来，潜在的抑郁、焦虑或恐惧被正确地治好后，通过冲动行为逃避现实的愿望也会有所下降直至最终消失。

在小权的声嘶力竭中,小权父母逃也似的走了,但他们中午离开基地后并没有按原计划驱车回家,等到天色稍暗的晚饭时分,他们忍不住又折回了基地。

小权还在窗口生气地坐着,已经两顿饭没吃了,帮他准备的饭就在窗前搁着。父母的车一进基地,小权的哭喊再次响起。这次小权妈妈再也忍不住,不顾小权爸爸的反对,眼泪汪汪地对我说:"我本意是想留下他的,但我实在受不了,我回家也安不了心的!"最终小权妈妈还是决定中断治疗把小权带走,但在带走之前想让我再给小权做一次治疗。这样做可能会让她心里舒服些,但实际上多做这一次也是没有什么用处的。

在这最后一次的治疗中,小权告诉我,他站在窗口时相信妈妈不会丢下他不管。我问了小权一句:"假如妈妈的做法和平时有所不同,真的不接你回家,你会怎么办?"小权面露可爱的神色,很快回答说:"那我就端起碗来吃饭,我看见面前的饭菜早饿了。"

对小权的治疗就这样中断了,尽管我想坚持下去,对持续的治疗也抱有信心,但当然我只能尊重小权父母的想法。目前我已经遇见过两位这样的妈妈,最终因为自己无法用理性战胜情感,将孩子中途带回。作为家长,已经是对孩子无计可施了才送来基地治疗,如果把孩子带回去了,接下来又能怎么办呢?一切照旧?

小权的妈妈后来给我打电话说,孩子安静了一小段时间,似乎懂事些了,但现在情况又不好,继续经常逃课,后悔当初心太软把孩子接回家,上次好不容易把小权连哄带骗到基地,现在已经没法哄骗他来了。

小权母亲其实非常孤独,我感觉她克服分离焦虑的困难似乎大于小权。小权能感受到依赖心限制了自己的发展,甚至可能毁灭他的一生,却无力克服,也没有人帮助他克服。小权母亲则将他拴牢在自己身边,通过牺牲孩子的成长来满足她本身不成熟的、以自我为中心的欲望,让孩子在成长过程中明显处于过度保护所造成的"经验剥夺"处境,从而妨碍了孩子独立自主的成长。

环境可以造就一个人,也可以毁灭一个人。我们应该给孩子提供怎样的环境?是把财富留给孩子,还是把孩子培养成财富?这是值得我们思考的。

小权的家庭在物质上相对普通家庭更富足,但精神上显得十分匮乏,家人之间呈现出一种没有生命力的关系。我们到底应该构建怎样的价值观,追求怎样的生活才算有意义?怎样才能为我们的躯壳注入鲜活的灵魂呢?

处于困境中的人有时需要放弃自我中心和自私自利,放弃奴役自身的以占有为价值的生活方式,放弃通过依附于所拥有的物品、通过占有和固守自我和财产来寻找安全感的行为。当个体鼓足勇气重新改变对待生命的态度、抛弃"占有"时,才有能力超越自我、贪婪、自私、与亲人的分离,才有能力享受生活,学会感恩与给予。

请父母不要再束缚孩子,要让他们独立地走自己的路,让孩子自己完整地体验这个存在危险却又丰富绚烂的世界,这才是生命的价值。

个案启示：男人的内在成长——做一名更好的父亲

原始社会的父亲会和他的孩子一起度过一天中的大部分时间。男孩长大后，父亲会带着他们制作弓箭、渔网，教他们狩猎、捕鱼、打仗、社交。他们在父亲的引领下，从祖先的故事中寻找生活的方向，释放自己的男性力量。

工业革命出现后，人们的物质生活越来越充裕，在家的时间却越来越少，因为他们必须去工厂、办公室或商店工作。男孩不再通过父亲去学习生存与生活的技能，不再自然地跟随父亲进入成年男性的世界。在从男孩过渡到男人的这一过程中，他们靠自己，摸索着前行。有的迷失方向，有的无法适应，有的甚至对社会构成了威胁。

父爱缺席的问题在现代家庭中一直存在。只有当受挫的少年将家庭弄得一团糟时，原先缺席的父亲才会被拉回到家庭之中，在此之前，父亲与孩子、与家庭的关系疏远。

很多看似拥有完美人生的成功男人，在家庭中却是个失败者。比如，他们认为自己很爱孩子，但在和孩子相处的过程中总是不知所措，要么没有时间或者不知怎么陪孩子，要么明明不愿责骂或打孩子，却还是忍不住么做了。那些能够为此困惑的父亲已经是思想进步的了，因为他们至少明白养育包含情感的层面，在思考养育的理想方式应该是什么。还有更多的父亲从未困惑过，只管用钱从物质上保障孩子，直到某一天，他们一脸愤怒地看着对面孩子同样愤怒的脸，难以接受，不禁呵斥:"我怎么生了一个你这样的孩子?!"而对他们自己一手造成的不良父子关系则毫无反省之意。

对成年人的生活调查发现,婚姻和养育比职场发展更难。婚姻和养育的核心在于亲密关系,双方需要打开心扉,暴露内在情感,呈现并面对彼此最真实的自我——要做到这一点,自我内在的成长必不可少。自我内在的成长是一个向内探索的过程,是种觉察和智慧。相对而言,成就事业则是一种向外扩张。两者所要求的能力有着本质上的差别。因此,在职场上理性霸气的聪明人在家庭生活中却有可能是个感情用事的糊涂人。

值得一提的是,在向内探索的过程中,一个人会触及他内心深处的固定模式,它们可能是他在童年时无意识种下的,可能来自家庭环境或社会环境。这些固着的模式会影响一个人与其子女的关系构建。在临床治疗中,心理咨询师需要把根植于当事人潜意识里的错误观念一层层地剥开,找到根源,让当事人和真实的自己连接上,从而让他能够走上一条不同以往的新道路。比如,很多人有种错误的认知,觉得自己的智力、品质、性格都是先天决定的,难以改变。这种认知是一种固定型心智模式。事实上,自我是可以不断进化和成长的,这是成长型心智模式。"江山易改本性难移"的观念会局限一个人的人生,其结果往往是负面的;"有志者事竟成"的信念则会为一个人打开生活的无限可能,让他走向幸福美满的人生。

向内探索,才有光明大道。你会因此更快乐真实,更重要的是，你会因此获得力量，开创和孩子相处的新模式，更好地尽到为人父母的职责，也更充分地享受到为人父母的乐趣。

我们不能抱着股票睡觉，我们不能和现金拥抱。当夜幕降临，我们心中的月华星光就是与家人的情感点滴。万家灯火中有一盏灯是永远为你点上的，那里有热气腾腾的生活，以及你和孩子们共度的亲密时光。

新时代的父亲需要从孩子生命开始就介入孩子的生活，把养育当成一个重要的人生课题，为此努力并提升自我。在此过程中，父亲不仅是给予者，更是受益者——丰富的情感体验和自我的内在成长将会为他们展现出生活本来应有的绚丽，而因爱获得的力量也会让他们变得前所未有地强大。

成长环境

⊙ 工作狂的父亲，沉溺工作对家庭造成伤害，导致父爱缺失；

⊙ 母亲的强势保护，抢夺孩子应负的责任，限制孩子与同辈的交往，强化孩子的依赖来证明个人的价值；

⊙ 过度重视物质占有，依附物质来寻求安全感，不利于孩子价值观和人生观的形成；

⊙ 父亲自恋，对孩子表现出无意的轻视，打击孩子的自尊和自信。

第八章
寻觅光荣与梦想

▲诱惑

艾泽拉斯就像一个美丽的天堂，华丽的城市星罗棋布，壮丽的山脉蜿蜒耸立。从静谧阴森的银松森林到广阔荒芜的贫瘠之地，从战火不断的阿拉希高地到郁郁葱葱的荆棘谷，还有那雪白美丽的冬泉谷和天灾横行的瘟疫之地……到处都留下了我的足迹。

我偶尔漫步在皎洁的月光下，抬头仰望数年已不曾仔细端详的灿烂星空，没有云彩，没有一丝污染。一片纯净的天空中，繁星点点闪烁在乌黑的夜幕，来自森林里的微风轻轻地抚摸着我的脸和手……

我偶尔骑着狮鹫，自由自在地徜徉在天空里御风而行，在风中狂奔，在风中怒吼。野心完全统治了我的灵魂，心情迎风起舞，身上似乎聚满了可以征服全世界的能量……

我偶尔在清晨的阳光里，阳光从茂密的树叶间射向大地，照耀着我手中的一把剑，剑起剑落，寒光一闪，血洒满了大地。在厮杀中，我找到了自己最亲近的朋友，我们背靠背，肩并肩，继续在战场上创造奇迹。我们是同盟，一起受难、一起狂欢、一起痛哭、一起开怀畅饮……

战斗之余，我可以躲到无人的角落，和亲爱的女战友一起悠闲垂钓，其乐融融；或者踏遍千山万水，寻找一朵珍稀的天山雪莲花来配制出绝世好药；又或者下到伸手不见五指的洞窟，去寻找世上仅此一份的珍稀宝石来冶炼一把绝世好剑……

这个由3D仿真技术构筑而成的逼真世界就是本文的主人公萌萌体验到的《魔兽世界》。萌萌深陷其中乐不思蜀，将大量时间都投入到了该游戏中。为了虚拟的梦幻，他已经耽误和失去了太多现实的美妙。

虽然在这之前萌萌已经玩过不少游戏，但当对游戏画面格外挑剔的他第一次走进《魔兽世界》，他被它的画面所深深诱惑。《魔兽世界》运用了大量华丽的光影效果使整个世界显得美轮美奂，摇曳的树影、波光粼粼的湖水、在高空振翅飞翔的鸟儿、不时挠痒的牛、遍地跑来跑去的松鼠和野兔、村庄里面忙碌的人群、钓鱼的渔夫、打铁的铁匠、戒备森严的士兵……游戏中的一切极富真实感。

在游戏中，玩家会感觉自己所操纵的角色不仅是僵硬的牵线木偶，而是实实在在的真实人物。高度仿真的天气设定，让玩家在《魔兽世界》中感受到如现实世界一般的雨雪阴晴。《魔兽世界》中运动起来的各种色彩似乎有自己的灵性，充满眼睛的是层次分明、表现细腻的各种颜色，亮丽但并不夺目，柔和而不失光彩。

当萌萌和《魔兽世界》初识，萌萌就被深深地震撼了，决定要用心去体会这个世界的内涵，要在艾泽拉斯大陆上创造出一个属于自己的传说……

《魔兽世界》是由美国暴雪公司推出的一款大型多人角色扮演游戏，可以让成千上万名玩家齐聚网上，在同一世界中进行交互，并肩战斗对付游戏世界中的怪物,也可相互之间对战。和别的大型多人在线游戏一样,《魔兽世界》的设计者们假想了一个充满魔法和各个种族的世界,甚至给它编写了完整的历史。玩家在广阔的世界中探索、冒险和完成任务,其目的就是要成为《魔兽世界》中的英雄。

《魔兽世界》中有8大种族、9大职业,可供玩家进行选择。每个种族都有各自的故事背景、城市、能力特点、天赋技能、运输方式和坐骑,每个职业也各自拥有种类繁多的技能和法术。萌萌一进游戏就被彻底地迷住了。他对各种技能和天赋都非常感兴趣,希望能尽快学会它们,通过和专业技能的配合,创造出属于自己的个性独特的人物角色。

好奇心强的青少年很容易被这个美妙世界所俘虏。青少年对外界事物,特别是新兴事物,充满了好奇。网络游戏那精美的画面、生动的形象、逼真的环境、丰富的内容,给青少年带来了与以往任何一类游戏都不同的新鲜体验。可以说,几乎所有的青少年网瘾患者,最初都是因为好奇而涉入网络游戏,网络游戏情节的不确定性和不可预测性又进一步引发了青少年的好奇心和探究心理。

在网络游戏中,青少年对下一步将遇见什么人物、碰到什么问题、要完成什么任务并不知情。游戏的悬念以及由悬念所引起的期待在设置中非常重要,它不会让玩家的期待完全落空而使其无法获得建立自信带来的快乐而产生挫折感,也不会完全应验玩家的预测而变成乏味和毫无悬念的固定结局,而是时而抑制玩家的期待,时而又让玩家感到志在必得。

当由悬念制造的情绪逐步缓解，玩家将获得情感上的解脱和焦虑的释放。在游戏的过程中，玩家对故事情节的发展充满了好奇，想通过自己的探索，一步一步地去弄个明白。因此，好奇心是促使青少年接触并爱上网络游戏最直接的原因之一。

▲好奇心

可能你会有些疑惑，网络游戏玩家要想把这款游戏玩到一定级别，也必须不断学习和付出一定程度的努力，需要注意力高度集中地学习游戏技能。为什么这种好奇心和求知欲不能放在学业上呢？

我们常说"兴趣是最好的老师"，学习内容的吸引力对学生能否产生学习兴趣有着重要的影响，而现有的教育形式和方法均很难吸引学生的眼球，不能引导学生探索对学科本身的兴趣，尤其是对于一些被动学习的青少年，传统单调的教育模式如何能与网络游戏中的虚拟视听空间争宠？

其实，如果将多媒体技术运用得当，教育者能够在更大程度上激发和强化学生学习的兴趣和积极性。因为多媒体教学符合青少年的心理特点，它能让学科内容通过图像、声音、视频、动画等媒介表现出来，为学生提供多感官获取知识的途径，使枯燥的概念和学习材料直观化、具体化。如此富有感染力的教学形式，可以使学生在学习过程中的注意力、情感、兴趣等心理因素保持在良好状态，有效地激发学生学习的积极性。

传统刻板的教学媒体（语言、课本、板书、挂图、模型、演示等）已不能满足现代教学的需要，现代教育者不能再手执一支粉笔走天涯，而要能够熟练地运用计算机，编制一些多媒体教学课件，充分创造出一个图文并茂、有声有色、生动逼真的教学环境，为教学的顺利实施善用形象的表达工具。

当然，我们不能片面地强调是因为教育者没有创造与时俱进的培养方式，才让更多的青少年畅游在网游中，但我们至少可以对相关因素进行些许思考。很多因为沉迷网络而导致学业深受其害的青少年，并非无所顾忌，对网瘾一直听之任之，他们也经历了痛苦的矛盾和挣扎，他们也曾想最后一次抚摸自己的武器，把皮甲完整地叠好，把帽子轻轻地安置在叠好的皮甲上，与这个完美而逼真的魔兽世界永别。

此时，他们内心的纠葛就像有两个人在拔河，如果冲出虚拟世界的力量大一些，让他们勇敢地迈出这一步，也许他们就找到了走回现实的路径。

对于青少年来说，我们除了应重视运用多媒体组织教学，也应注意他们学习的动机类型。美国心理学家布鲁纳将学习动机分为内在动机和外在动机。内在动机是指学习者对学习活动感兴趣，学习活动本身就能使他获得满足，无需外力推动，学习者即能自愿学习；外在动机是由某些外部权威人士（家长、教师等）人为地灌输给学习者的外部诱因，竞争、奖赏等都属于外在动机。内在动机效应强且持久,而外在动机效应弱且短暂。

在自古奉行"万般皆下品,唯有读书高""学而优则仕"的社会文化氛围中,我们身边很多家长或者教师会无数次地强化孩子的外在动机。在儿童学习动机发展的早期阶段,外在动机确实具有重要意义,如有些小学生为了得到老师和家长的喜欢或称赞而学习。如果没有奖励,他们的学习劲头就不足,学习动机减弱甚至消失。

孩子往往是先在外在动机的驱动下开始学习,随着年龄增大,如果自己能认识到学习的意义,并了解学习对自己毕生发展的重要性,就会对学习产生很大的兴趣而积极主动地学习,这时他们的学习动机转化为内在动机。内在动机与外在动机可以相互转化,而且适度的外在动机有利于巩固个体的内在动机,但过多的外在动机却有可能降低个体对事物本身的兴趣,降低其内在动机。

所以家长或老师过多地关注孩子的学业,有时会阻碍孩子将内在动机激发出来,使他的学习兴趣无法长期维持。在后续的叙述中,你将会了解到,对于萌萌而言,其学习的外在动机比一般人都要更强。

▲刻苦的狂欢

游戏中的每个职业经过游戏开发商的精心设计,都或多或少承载了现实社会中人们的梦想。在玩家眼里,选择游戏中的一个职业,就像选择了一个虚拟的梦想人生。游戏虽然是虚拟的,但毕竟上线的都是真实的玩家，他们在一起共同构建了一个梦想的国度。

萌萌在《魔兽世界》里喜欢法师这个角色。在这个世界里，魔法是大家都会的技术，但只有法师是掌握魔法的顶级职业。法师拥有完善的法术系统和最强的攻击力，可以通过超越空间的法术在各个大陆间瞬间移动。而且萌萌自认为，法师是组队中的灵魂人物，是队里的主攻手，一般都是要别人配合自己的打法，而不是自己跟随别人的打法，尤其在与BOSS对峙的时候，很能体现这一点。

萌萌认为自己一向不喜欢没有挑战性的职业。法师这种职业需要有熟练的操作技能，也需要一个人快速的反应能力。萌萌个人认为法师是比较有前途的职业，会让自己获得成就感。

要想在《魔兽世界》混出名堂，也不是件容易的事情。萌萌和所有玩家一样，首先制定了一个目标：尽快升到60级。从此他便开始了辛苦的升级过程。对于众多玩家来说，让他们全心投入的不仅是对满级的期望，而且还有对上好装备的期望。这些装备都是怪物死后掉落的。玩家只有升到60级才有资格去更多的地方，打更大的怪物。

《魔兽世界》的装备分为绿、蓝、紫、橙几种，依次装备质量越好，也会使玩家的能力越强。既然装备都是怪物死后掉落的，为了好的装备就要去打比较强的怪物，而要想挑战强大的怪物，又需要更高一级的装备，如此循环反复，对游戏的追求也就无止境了。

所以魔兽玩家都说60级只是开始，因为升级是有尽头的，而升级装备是无尽头的。经常发生的情况是：要想挑战强大的怪物，就要去下副本，副本是游戏中特殊的区域，里面有超强的精英怪，会掉落非常好的装备。有时可能下了一个月副本，才终于刷出来一把很好的武器。

萌萌只花了 5 天时间就升到了 60 级，紧接着便投入到各种各样的任务当中。满级以后，游戏不可避免地开始进入了模式化的阶段——5 人 STSM 副本、10 人黑上副本、20 人 ZG 副本、40 人 MC 副本、黑 E 副本……每当推倒困难的 BOSS，LOOT（从被杀死的怪物或宝箱里拿取财物）到了丰富的奖励，萌萌总是会无比开心，因为凭借自己的操作完成了高难度的事情。而《魔兽世界》中总有更难的任务在等着他去完成，根本不用担心修炼到至高境界，再也没有继续往上攀登的路。

为了避免在很多网络游戏中千篇一律的打怪升级模式，《魔兽世界》设计了复杂的任务系统，而这复杂的任务系统是暴雪公司最为推荐也是玩家最为重视的部分。《魔兽世界》已知共计有上万个大小不同的任务，且不会重复。任务和游戏紧密结合，各种充满特色的任务穿插于整个游戏进行过程之中，引领玩家在一个个任务中了解整个艾泽拉斯大陆的渊源，进行自己的冒险。

无尽的任务与无穷的副本会给玩家带来无穷的追逐。就像前面所描述的，如果玩家努力升到 60 级满级后，就会加入最初的 5 人副本去打装备，而 5 人副本对于玩家来说只是前期的一个引子。5 人副本需要不同职业玩家的参与，一开始你会感受到各职业间协作的乐趣并取得最基本的装备，可 5 人副本不可能提供高级装备，只是让每个人都会很快获得属于自己的初级装备。为了满足玩家对高级装备的渴望，40人raid副本（由20人或40人玩家一起挑战的高难度的地下城作战）的出现也就顺理成章了。

高级职业装备套装是所有玩家所梦寐以求的。在经过千辛万苦得到绿、蓝装之后，玩家又会经不住MC副本紫装的诱惑。为了一个紫装，玩家将花费比5人副本多无数倍的精力和时间去赚取DKP（屠龙积分），同时加入竞争激烈的MC公会，周而复始，没有尽头。在MC公会混的玩家都知道，DKP就是时间和血汗，其实也是一个枷锁。

玩家在付出超常的时间精力和金钱后，看着数据组成的武器和战果得到了虚拟的满足。然而在游戏过程中，如果一定时间内不继续续费和充卡，账号也就成了死号。在揣摩玩家心理和怎样让其在《魔兽世界》乐此不疲上，暴雪公司的确是下足了功夫。为了最大限度地避免单调枯燥的游戏模式，其版本（补丁）更新得也很频繁，就像不断充入新鲜的血液引起新奇刺激，让玩家欲罢不能。

如果在层层递进的冒险中萌萌能够有更大的突破，其内心的欢欣鼓舞自不待言，这一过程就像一个殖民者通过自己强大的能力征服了一片片殖民地，而且越往上走越证明自己的卓尔不群，越证明少有玩家能和自己的功力同日而语。萌萌以胜利者的姿态向大家证明：别人办不到的，我萌萌能办到。不可否认的是，当时他在《魔兽世界》里已经是全国范围内排名靠前的玩家，在游戏中的地位确实超乎常人。

萌萌在《魔兽世界》中的乐趣不曾消退，不仅是因为他拥有网络游戏中"强者"的荣誉，而且还因为那些与他共同"生存"在这片大陆上的朋友。这些朋友形形色色，为了共同的目标走到一起。有时大家必须通力合作，组队做任务，因为很多任务无法单枪匹马完成，需要依赖团队的力量。

在网络世界里大家并肩作战、出生入死，在现实生活中同样也能聚会，一起讨论攻关秘籍。这样，萌萌的荣誉和优秀又从冰冷的机器、简单的网线延伸到了每次现实中的公会聚会。由此可见，暴雪公司在游戏设计中深谙网络游戏社会化（玩家彼此之间的协作或者对决）的重要性。

▲精心构建的镜像

在童年时代，很多人都曾经对武侠世界或魔幻世界向往不已，幻想成为一代豪侠，和电影里的主人公一起快意恩仇，在闯荡江湖之时除暴安良、英雄救美，当然也会有些人幻想肆意杀戮，看眼前血肉横飞，成为江湖恶人。

以上这些欲望在现实世界里自然无法满足，偶尔可以从电影和小说中得到一些共鸣，但无论是通过影像还是文字，欣赏者只能以一成不变的姿态与主人公发生种种不具主动权的对话。欣赏者没有机会与电影或小说中的各种形象进行互动的交流和创造，其中的世界即使再精彩纷呈，形象再诱人不已，欣赏者也只能眼睁睁地叹为观止，无法参与其中，与其融为一体。

与这些传统"镜像"的稳定性相反，网络游戏中的"镜像"却是开放多变的，且充满自由主宰的意趣。网络游戏可以不借助任何具体的介质而存在，一串串即时性的数字符号构成了状态上的无影无形、视觉上的有声有色、意识里的超影超形。

玩家脱离了现实世界的种种羁绊，可以随时调整自我镜像的存在状态，或人或兽、或男或女、或伟大或渺小、或生或死。他们不再是只能激动万分地观看导演手中的江湖之梦、紧握拳头徒捏一把汗地欣赏传统电影的局外人。

在虚拟的网游世界中，玩家自己就是电影导演，设计出一个又一个"镜像主体"，这些"镜像"由玩家自由操纵、随意刻画。玩家既能够享受操控的快感、创作的乐趣，同时也可以无所忌惮地表达各种观点，不用顾虑人微言轻、无人喝彩，不用提防思想浅薄、受人嘲弄，不用担心言词粗鄙轻佻而受道德谴责。

网络游戏中"镜像"的创造与欣赏是同步的，无可计数的"镜像主体"在网络游戏的世界中共同经历喜怒哀愁、悲欢离合，拓展前所未有的交往空间。这些在游戏中大胆开放的"镜像"既配合自己的创作灵感，同时也接纳或享受其他玩家的反应与创意，于即时发生的变化和配合之中，实现长期的心理快感和自我满足。

这里所说的"镜像"是什么意思？1936年，法国精神分析学家雅克·拉康提出了著名的镜像阶段理论。镜像阶段是指人心理形成过程中的主体分化阶段。6~18个月大的孩子在镜子前，会把镜中的孩子指认为另外一个孩子，这时孩子还无法辨识自己的镜中像。后来随着长大，婴儿首次在镜中看见并认出了自己镜中的形象："那就是我！"当婴儿从镜中发现自己的肢体原来是以这样的一个整体而存在时，心中便充满了欢喜，这是主体形成的开始，在此时期以前，世界好比是个母体，婴儿尚不能使自己同母体分开。

在拉康看来，镜前的孩子在此过程中，出现了双重的错误识别：当他把自己的镜中像指认为另一个孩子的时候，是将自我指认成他人；而当将镜中像认作自己时，他又将光影的幻象当成了真实，混淆了真实与虚构，并由此开始了对自己镜像的终生的迷恋。这样6~18个月的幼儿可以利用反映于镜子之中的影像逐渐确认自己的形象，伴随着误读误认，获得自身的同一性与整体性。当然，在很多时候，拉康所说的镜像不仅仅是指一般的镜像，而是一种外在于主体同时又给主体定位的具有象征性的喻体。

拉康认为除却自我之外的人或事物，均对主体具有能动的构成作用。主体的生成是建立在与他者之间的关系之上的，而主体与他者的肯定性关系，则构成了镜像。拉康的镜像理论，强调了镜像对主体意识建构的突出意义。在他看来，自我在本质上具有内在的空虚性，他需要外在的他者不断充实和确认自己，镜像则是其中的一种。其他的事物也可以具有镜像的功能，如母亲的关注、父亲的权威、家庭中的角色、社会中的地位、语言中的"我"等，这些都为主体提供了一个很大的生存空间，它们成为主体获得身份感的主要途径。

因此对于网络游戏而言，在与其他玩家的互动中得到对方的回馈与反应是极其重要的一个环节，每个人在持续不断地与他人的接触中被创造和结构化。自我认知的确立来源于他人对自己的认同，每个人身上都有别人的印记，就像我们常说的"女为悦己者容，士为知己者死"。这也就是拉康所认为的主体与他者是一种互证性存在，只有在自我中有了他者的存在，自我才得以建构。

玩家们进入游戏后能够利用虚拟符号创造出一个全新的自我，并不断地对它进行更新和重构。玩家们利用网络的便利与其他玩家进行即时的交往互动。当玩家借这个所谓的自我发出信息后，便在游戏中等待其他人接收信息，并对这个信息进行反馈，然后可能根据他人的反馈来重新调整自我的表现，以他人作为镜子来构成自我的影像。

所以，玩家们沉浸于虚拟空间时，他们的言语行为只有从别人那儿获得回应才是有意义的。通过和其他玩家之间的你来我往，他们对这个"自我镜像"进行操纵与控制，实现对现实之外另一个"我"的创造。

许多像萌萌这样的玩家创造出一个由数字符号构建的自我。借此，他可以暂时在网络中突破现实空间的局限，将令他羞愧得抬不起头的现实隐藏起来，回避成长中面临的种种困难，转而在宽广无垠的网络中寻觅表演舞台，尽展舍我其谁的霸气，缔造属于自己的神话。

拉康认为，形成镜像阶段的前提是匮乏的出现和对匮乏产生的想象性否认。人类有漫长的婴幼儿期，在此期间孩子无法自主控制身体，不能将身体作为一个整体来进行感知和把握。孩子在镜前手舞足蹈，"牵动"自己的镜中像，获得了一种掌控自我的幻觉——对于一个行为无法自主的孩子来说，那是一份空前的权力。

在网络游戏中沉迷的玩家，通过游戏中的价值镜像来确认自我的价值，显然与处于镜像阶段的幼儿有相似的心理机制。游戏镜像中的自我认知难免掺杂着某种错位的虚幻与缥缈，但只要不陷入对游戏中所扮演角色的病态自恋，也许网络游戏中的镜像就不会让玩家就像中了邪似的不能自拔。

萌萌自然也是通过《魔兽世界》找到了自我的镜像，但与在游戏中获得空前成功的萌萌正相反的是，现实世界中的他是一名大二学生，已经被学校劝退。父母介绍他去一家朋友的公司打工，但他三天打鱼两天晒网，最后也是不了了之。他经常无法按期完成公司交给他的工作任务，却能转身跑到网吧里的《魔兽世界》中去攻克无数的任务。

萌萌在游戏中创造了一个虚拟的自我，设定了一个清晰的奋斗目标，并根据游戏中为实现目标所需的各种工具和方法而努力前进。如何得到这些工具？如何更快更好地实现目标？人物命运到底如何？这些都并不固定在游戏内部，而是掌握在萌萌手里。为了努力实现英雄幻梦，他需要对游戏角色进行大胆设想和自我创造，在游戏中不停地探索新知识、学习新技能、积累新经验，并不断得到游戏系统即时的正面反馈。

由于游戏强大的互动性,每个人的自我创造都在深刻地影响着其他人,也被其他人影响。游戏的不确定性和未知性使游戏成为一个创造性的过程,而不仅仅是令玩家按部就班地傻玩,否则玩家的成就感从何而来?在网络游戏中强大的自我就是萌萌精心构建的镜像。

⬢昔日重来

其实,而今在《魔兽世界》中如鱼得水的萌萌,与多年前现实生活中的他如出一辙。网络游戏对他的认同,就像缺失部分的回归,使他内心得到了久违的满足。

回忆往昔,萌萌小学至初中前半阶段的成绩都非常优异,并在全国性的各类大赛上多次获得过名次,大大小小的奖项拿了不少。因为成绩优秀,他不仅是家长的骄傲,而且也是老师乃至校方的荣耀,所以他在学校一直备受老师的关注和褒奖,在很多时候享有特权,经常在学校的广播站里被播报和表扬,班级里甚至年级里的同学都知道萌萌是个被特别欣赏而备受优待的学生,对他羡慕不已。

萌萌为自己拥有的特殊身份和名人效应沾沾自喜,他觉得自己确实就像大家所夸奖的那样超乎常人地"聪明"。随着时间的推移,他开始把"好的结果"与"脑子聪明"画等号。如果他把事情做得很好,他只认为是他聪明使然罢了。然而,一旦他受到了挫折,他便据此断定"我并不聪明",随后也失去了对学习原有的兴趣。往往那些被过多地夸奖"聪明"的孩子最有可能回避新的挑战。

萌萌母亲在日常中只重视表扬孩子的智商，而忽略了对孩子行为方式和人格的培养。比如，当孩子在数学竞赛中获得名次时，她会大惊小怪、不着边际地表扬："哇！真了不起！你可真是个数学天才！"而不是给予孩子的努力一个具体的肯定："你为这次的竞赛做了很多准备，收获很大，比上次更进步了，我们去好好庆祝一下！"这种肯定学业努力过程的祝贺方式比单纯对能力的表扬要高明得多，这样的做法可以让孩子感觉到自己在不断进步而不是天生高人一等。

另外，经常被人夸奖"聪明"的孩子往往只重视事情的结果，因为努力而被表扬的孩子却知道重视学习的过程，这是因为后者的夸奖者是在鼓励孩子继续努力，去寻求更多的挑战。而且，当孩子由于努力而受到称赞的时候，无论结果如何，他们都能够学会勇敢承担失败的责任并勇于克服困难，因为他会因这种称赞而明白他的努力是最被看重和最值得嘉奖的，这可以帮助孩子在遇到挫折的时候不气馁。而一味地夸奖孩子聪明则会适得其反，可能使孩子害怕失败。

确实，幸运女神没有一直眷顾萌萌。进入高中后，逐步增加的学业压力光靠天资远远不够应对，但萌萌想努力维护从小就构建的"聪明"形象，不想丧失这种荣誉和口碑，心想："别人需要刻苦学习获得好成绩，可我不需要。"其实世界上很多事情都无法一蹴而就，就像萌萌在《魔兽世界》的表现非比寻常也是因为他在那儿留下了刻苦的身影，如果不用心努力，所谓的"聪明"也只能是空壳。

萌萌的学习成绩不断下降。虽然萌萌感觉学业吃力，可他不想努力，一方面他认为自己一贯是有天分的，另一方面他也怕努力之后没有回报，怕自己依然不能取得好成绩，反被人讥笑。慢慢地，萌萌的成绩只能一跌再跌。

萌萌从小觉得自己被所有人投注赞赏的目光是理所当然的，错误地认为自己的言行和成绩都是用来获取父母和老师欢心的工具，并且认为"成为焦点"是自己与生俱来的特权，从而特别在意别人对自己的关注和看法。时间一长，萌萌就失去了基本的辨别是非的能力和自我意识。

遗憾的是，到了初中以后，这份特殊待遇有所下降。一方面，因为中学老师本来就不像小学和幼儿园老师，会把学生看成小孩去呵护，或对某个学生采取过分的积极关注；相对来说，中学老师会用更成人化的眼光去对待学生。另一方面，因为萌萌的成绩不再拔尖，不可能再被老师捧为大家学习的榜样。这时的萌萌感觉受了冷落，内心受挫，一时不能接受这种待遇的落差，学习似乎突然间丧失了从前所具有的重大意义。他原本就以为学习像一件艺术品，是"秀"给大人们看的，而不是自己的分内之事。

萌萌所有的顾虑在网络游戏的世界里荡然无存。在网络上，萌萌不用再面对老师、同学、家长那质疑和责备的目光，谁也不知道在屏幕那边，端坐着的是一个失败者还是成功者；他更不用担心失败，可以放心大胆地开始自己在游戏中的冒险，因为他知道在这个世界里一切都可以从头开始。在游戏中死亡都不足惜，某一次简单的打怪任务受挫了又有什么可怕呢？当玩家在《魔兽世界》中死亡之后，会变成鬼魂状态被传送到最近的一个墓地，只需跑回到自己的尸体旁边就可以复活。死亡不会有任何损失，所以没有什么可担心的。

而现实生活中呢，我们的生命只能不停向前行走，也许一次失败就会让一个人失去很多的机会。而且，时间也是有限的，它没有足够的宽容度允许人们反反复复地修正自己的人生，不可能像在游戏中，时间可以倒流，灵魂可以轮回。

在游戏中一切都在可控的自由地带，而玩家正是像上帝一样操纵着自己的角色在游戏中的人生，摆脱了令人挥之不去的本能恐惧，也完全颠覆了不完美的现实。

我们只有在失败后获得重生，才能越挫越勇。可对于惧怕失败的萌萌来说，这样的人生是个沉重的压力，压得他怯于迈出双脚。他不得不停滞不前，而他鲜活的生命力却在《魔兽世界》中尽情释放。

▲游离的母爱

小时候的萌萌是妈妈的骄傲。萌萌从小不仅长相招人喜欢，而且比别的孩子表现得更为优秀，学什么都比别人更好更快。萌萌的妈妈每天耳边听到的都是"今天得了几颗星""今天老师表扬我……"；她沉浸在身为成功家长的优越的、自信的幸福中，仿佛所有溢美之词都理所当然地归功于自己的遗传和教育。总之在他人口中，萌萌好似上天入地、世上难寻的绝世神才，而这自然无形中也捧了一下他的父母,满足了他们为人父母的虚荣和骄傲。

萌萌从幼儿园到初中的生活就是这样过来的。萌萌妈妈更多关心的是萌萌有没有受到老师表扬,萌萌获了什么奖,萌萌这次成绩排名多少等相关问题,却很少问问萌萌过得开不开心或学业以外的问题。在妈妈的眼中,萌萌得到表扬就会开心,没有得到表扬,就没有理由开心。这其实是将自己的感受等同于孩子的感受!萌萌当然也希望能让妈妈一直为自己感到开心。

但是,没有人能永远一帆风顺。从初中的后半阶段开始,萌萌曾经受人瞩目的光环便不再闪耀,这带来的结果就是妈妈的虚荣心受挫。萌萌感受到的不仅是学校对他的冷落,妈妈的态度也让他尝到了昔日风光不再的苦涩滋味。

萌萌妈妈过去常常带萌萌去自己的工作单位吃饭或者参加单位组织的活动,也经常把萌萌带在自己的身边出出进进。一路上萌萌总是能收获不少赞赏,这让妈妈觉得无比荣耀。

萌萌妈妈对我说:"孩子小时候很听话。"

我问道:"哪方面听话呢?"

她回答:"他学习成绩很好。"

"那别的方面呢?"

"他学习成绩好就可以了,其他方面都无所谓。"妈妈理直气壮地回答。

学习成绩是萌萌妈妈衡量孩子的唯一标准。她只注重孩子的学业,而不看重对孩子内在品质的培养。如果孩子成绩不好,她会因无法彰显自己的教育功劳而感到担心。她的着眼点并不在于孩子是否明白了所学习的内容和知识，而是成绩差会令她在亲戚朋友面前丢脸，影响了自己的面子。如果别人的子女成绩优异，而自己家孩子却平庸落第，她会感到颜面扫地。

当一直在光环笼罩下的萌萌妈妈看见孩子的成绩步步下滑时，她无法心平气和地和孩子一起认真分析原因，帮助孩子加以改正，而是认为孩子丢了自己的面子，暴跳如雷地训斥孩子，和她从前的形象大相径庭。

萌萌知道考试失败不仅会让自己难过，还会令妈妈蒙羞，本来想向妈妈倾诉的嘴只好闭上，内心承受的压力自然更大了。而在当时，自己的无助心态本来已经无处表达，像失去航标的孤帆没有方向，妈妈态度上的巨大变化更令他不知所措。

成长和成才是不能混淆的两个概念，家长不能因为片面追求孩子成才，而无意中忽略了孩子的成长过程。尤其是当自己的孩子面对沉重的课业出现厌学情绪的时候，不要轻易地把错误归结到孩子身上，而是应该仔细地想一想，这里面是不是有自己的虚荣心在作怪。

妈妈的这种虚荣心和炫耀心也在萌萌心里扎了根，当他所要得到的东西和他实际能够得到的相差甚远时，心理上会产生严重的压力而干脆无所作为。一旦虚荣心被戳穿了，紧接着的便是自卑心理。

自从孩子学习成绩下降后，萌萌妈妈就再也不让儿子在单位露面了，对于去学校开家长会一事，她也由从前的积极主动变成了迫不得已，同时少不了对萌萌的冷眼相待，而且语言中也夹杂着漠然。

这样的情况当然只会令萌萌的学习成绩每况愈下。

萌萌从高中阶段便开始频繁接触电脑。高考时他给自己定了一个与实际情况相差甚远的一流大学目标，结果名落孙山，他又遭重重一击，后来虽由父母托关系进了一家普通大学就读，但从此一蹶不振，开始沉迷于网络游戏，父母便又着急地把他介绍到朋友公司去工作。据萌萌对我说，他第一次旷工是因为老板交给了他一个工作任务，而他根本没有能够完成那项任务的信心。

在学习成绩这个单一评价体系下，萌萌认为自己的学习成绩一旦下降，那么所有迈向成功的基石都倒塌了。他由矜持自负变得盲目自卑，错误地形成"学习这一点不行就全不行"的自我认知，感觉希望渺茫，再也不敢轻易行动。其实每个人的一生中都有很多支撑面。"天生我材必有用"，即使学业这一方面不尽如人意，一个人依然可能在别的方面表现出超人的天赋和智慧。

虽然萌萌的步步后退历经了几年的时间，但一直到现在，萌萌妈妈都不能接受心目中树起的"金字招牌"已经倒塌的现实。萌萌入院治疗时，是他爸爸送他来的，萌萌妈妈始终没有露面，我只能通过电话和她联系。在电话里她说得最多的是萌萌的昔日辉煌，她似乎依然很难理解一个出色的孩子怎么变成了现在的模样。

其实她自始至终就没感同身受过萌萌的痛苦，只在乎自己留给别人的印象，忽略了儿子的感受，只把他当成自我的延伸。最主要的是，在关键时候她对于孩子的情绪和状态无法做出正确的回应，无法真正体会孩子在困境中的需要并给予必要的成长支持。与其说她在为儿子的前途担忧，不如说她还在为已经遭到破坏的自恋而痛苦。

很多父母会因为孩子的成功而感到骄傲，这也实属一种正常的情感表现。但如果为了实现自己未能实现的梦想，把孩子当成工具去寻求一种自我陶醉，要求孩子为父母去争取面子，那就是对孩子心灵的一种摧残。请抛开虚荣心，尊重孩子生命原本存在的意义。

孩子来到了这个世界之后，应该是完全独立的，他的人生是他自己的，父母不应按照自己的意愿来塑造孩子。孩子通过父母来到这个世界，却非为父母而来，父母只是陪着孩子走一段路程而已。

个案启示：好孩子不是夸出来的

儿时的萌萌是俗称的"别人家的孩子"，智商超群、学业有成、人见人爱，然而，从小就围绕在他身上的这份光环却对长大后的他造成了严重的负面影响。

智商高的人通常在儿童时期就表现出优于周围同龄人的能力，这让亲友对他寄予了很高的期望。这些高期望给聪明孩子留下深远的影响——贯穿他一生的是来自他人期望的压力以及难以满足的自我期望。研究数据证明：在儿童时期被称为"神童"的人到中年时期普遍对自己的生活状态感到失望，认为自己没有发挥出所有的智商优势。他们在80岁左右的时候，心理状态也比普通智商人群更加消极。在患有广泛性焦虑症的人群中，高智商者通常症状更严重。

通常，被频繁过度夸赞的孩子会一直努力维持自己的"聪明"

形象，而且，如同被装进好名声的套子里，他难以看到除此以外他可能养成的内在品质，比如良好的性格、积极的做事态度、丰富的人生经验、开阔的眼界和度量、对外界变化的适应能力等。

随着一个人越长越大，他在学习、工作乃至生活上的成功会取决于越来越多的因素，除了自己的天资外，还有努力、眼界、魄力，甚至社会和时代背景的影响——换言之，成功是要求多方面能力的，也是有偶然性的。

所以，高智商或者夸赞并不一定能对人起到积极的作用。如果一个人没有调整好期望与现实的关系，他就会严重削弱自我的生活满足感，包括对自己和对人际关系的满足感。

对此，在早期对孩子的养育方法上，我们应该尊重"真实"的力量，以平常心看待孩子的平凡普通或者卓越优秀，并且教会孩子悦纳自我。

家庭是最早产生镜像反映经验的地方，人的一生都会受其影响。可惜大部分父母给小孩的镜像反映都有极大的扭曲，不是使用凸透镜就是使用凹透镜。当父母使用凸透镜时，反映出的孩子形象比真实形象大；当父母使用凹透镜时，反映出的孩子形象则是被矮化了的。两者都对孩子有害无益。

我以绘画为例来说明一二。

一个孩子从学校返家，把当天在课上画的图给父母看，父母夸张地称赞孩子："多棒啊！这是最了不起的图画了！"但其实孩子画的只是一幅普通的图，绘画根本不是他的特长。这就是使用了凸透镜的情况。凸透镜的反映会使孩子过度自我膨胀，以为自己天赋异禀，在学校学不到什么了，或是因为不相信父母的夸张反应而变得轻视父母。

相反，凹透镜的反映充斥着对孩子的过度贬低，比如："你只能做到这个程度吗？""你为什么不能像张三一样画得好？"这种经验会使孩子的自我价值感降低，从而怀疑自我乃至憎恶自我。最终，即使有人夸他，他也会不相信，难以接受，囿于凹透镜下被矮化的自我形象。

怎么做才能帮助孩子构建起良好的自我形象呢？

在与孩子相处时，父母应该不带评判、不带情感偏见地做出反馈，并且关注孩子的内心，让孩子充分且自由地表达自我。比如，在这个例子中，父母的重点应该放在孩子绘画时的情感体验和心理诉求上，主动询问孩子："你画这幅图时，在想什么？""能给我说说你画的是什么吗？""你画画时心情如何？"……这样，父母才能给予并接受孩子真实的镜像反映，而孩子也才能学会自我接纳和自珍自重，一步步走向自主和独立。

成长环境

⊙ 父母看重自己的面子，不能接受孩子学习成绩有起落；

⊙ 忽略孩子的心智需要、个性培养；

⊙ 母亲对孩子态度的剧烈变化；

⊙ 校方早期对孩子的过度关注。

第九章
恋母情结

马建因为过度沉迷网络而频繁逃学且经常违反校纪，最终导致辍学，才和父母一起来到基地。尽管父母在对马建的管理教育上想了很多办法，也在当地求助过心理医生，对马建进行疏导，但一直不甚奏效。父母对马建有过暴风骤雨般的打骂呵斥，也有过和风细雨般的沟通鼓励，但他依然我行我素地穿梭于网吧，不仅逃学，而且脾气越来越暴躁，尤其是家人和亲友因他上网影响学习对他进行教育时，马建甚至不能自控地大喊大叫。为了有更多机会自由出入网吧，马建也时常撒谎。他对父亲的抵触尤其严重，父子关系处于紧张状态；他和母亲的关系尚可。

马建来基地接受治疗时，医生首先和他的家长进行了交流，了解了基本情况。马建爸爸面部肌肉始终较为僵硬，使人感觉他在生活中亦是不苟言笑。他在叙述孩子的情况时，语调中表现出家长常有的着急和无助。马建妈妈坐在一旁一声不吭，保持沉默且表情平静，看起来不似丈夫那么焦虑。但她不说则已，一说则使人印象深刻。当了解孩子多大开始遗精时，她陡然插嘴，绽开笑颜，精确地告知："16岁。"

我诧异于她有别于我接触的其他中国式妈妈，问道："你怎么了解到的？"

"我直接问他的，他就直接回答了。"

这位外表内向的母亲有些与众不同。

▲乖巧的掩饰

马建是在父亲的建议下自愿来基地接受治疗的。第一次见马建时，他脸上长满了青春痘，个子高大壮实，但驼背挺严重，会有不自觉地弹手指的习惯。他的表情放松，显得心情愉悦，也没有表现出痛苦的戒断反应。他自述来此地之前已经接触过心理医生，且对心理医生印象不错，当时还把他们当朋友来相处，似乎在告诉我此次入院准备再度和心理医生以朋友相称，就像多一个可以谈心的朋友似的，何乐而不为呢！

他入院虽属自愿，但动机不纯粹，而且并没有意识到自己的问题。看来马建是打算来此度过一段快乐休闲的日子，同时还遂了父母希望他治疗的心愿，也算是一个孝顺之举。所以他会骄傲地告诉我："我跟他们不一样，我是自愿来的。"当然，基地不少孩子是被强制入院的，相对于他们来说，马建的自发入院没有太多的伤筋动骨，是要显得正面些，但他刻意的强调不得不让我提防他假装友好的动机。

在治疗期间的最初几次交谈中，马建表现得非常健谈，自信而且乐观。这样的形象不仅出现在我的治疗室里，同样也出现在基地的其他工作人员面前，甚至有人说，不知他为何要到此地来接受治疗。他的确是一个不错的孩子，不仅不像别的孩子会打架闹事、绝食自残等，还会主动协助我们做一些管理工作。

但我比较注意他走出治疗室的一言一行，尤其不能让他因为和工作人员关系处得不错,而获得一丝一毫有别于他人的特权,因为马建此刻对自我价值的寻觅在当前阶段是一种无助于治疗的行为。

起初他的侃侃而谈并不能代表我们已经构建起了良好的治疗关系,因为他没有真正把心扉打开,他呈现给我的是他想要呈现给我的品质,或者是他自己希望维护的公众形象。当然我不会让他初来乍到就直接感受到来自治疗的压力,我给了他一些时间去充分展现自我,而这种展现方式本身也能体现他的问题,直接可为后续的治疗做铺垫。马建较强的掩饰性是为了获得一些表扬和引人注目,而表现出来的有些异常的社会情感,其背后是存在自卑与心虚等深层的心理缺陷,掩饰只是起一种补偿作用。

这时的马建在尽量和我拉近关系,他迫切想让我和他以朋友的状态相处。当然我不能满足他的这种愿望。从首次治疗获取信息起,我便督促自己要保持中立态度,并且逐步增加他走进治疗室的沉重感,以期纠正他入院时并不纯粹的动机,颠覆他此前已经获得的对于心理治疗的不科学认识。

这样看来,我似乎在扮演一个蓄意让马建不快乐的角色。无论怎样,治疗是首要的。让病人单纯期待心理治疗是一段快乐的旅途会削弱治疗效果。作为心理医生,我不得不让自己在面对病人的热忱和殷勤时表现得淡漠些,而不是给予情感的呼应,因为我期待他们收获更完整的快乐。

▲ 控制和成就

目前，马建是一名初三学生，中间还留过一级，但因为父母工作的频繁调动，已经有过9次转学经历。这样频繁的转学经历对于孩子的成长是非常不利的，他必须随时准备去承受环境更新带来的压力和不安全感。马建的学习成绩常处于班级的倒数几名，学业基础很差，且不遵守课堂纪律，经常会和老师发生口角。老师时常指责他自己不好好学习还影响其他同学，而他也时常感受到老师对他的不屑。

但是，他自己告诉我的却是："我成绩处于班级中上等，非常想考好的大学，对不入流的大学根本没兴趣。我现在虽然沉迷网络，但实际是在从事兼职工作，通过编写防火墙程序防黑客和在网上卖东西，每月可以挣近2000元。但这不会成为我的终生职业，只有重视学业我才会有更好的前途。"

在和马建针对各类问题进行探讨时，他十分擅长于像上面那样头头是道地去分析问题，但在他的日常生活中，所有这些分析结果对行为的触动却往往是微弱的。他分析问题的能力和惯性思维不禁让我联想起他的父亲经常对他苦口婆心地灌输很多大而空洞的道理，虽然道理充分却无关痛痒。

从马建口中时常会一本正经地蹦出含有"前途""理想""未来""思想"等字眼的句子——诸如此类的话语经常挂在他父亲嘴边，马建大概就是因此耳熟能详的。可马建并没有依据这些理论去身体力行地实践,因为这些充满希望的字眼对他来说已然成为空洞的符号,没有了生命力。

马建不太切乎实际的自我表白,让我感受到他内心真实的自卑、较低的行动力,以及想成为受人尊敬的优秀分子的强烈愿望。但这种愿望在他的生活中一直没有得到满足,平时老师都把他当作坏的典型。只有在电脑方面他是一个行家,所以别人都来向他学习和请教。

经过长时间在网络游戏中的奋斗,马建在网上成为一个手握一定实权的队长。当有其他玩家申请加入队伍时,队长有权允许或者拒绝。此外,队长还可以随时变更队伍中的人员安排,如果马建觉得哪个队员不顺眼,可强制该队员离队,直接打开队伍的界面后点击该队员的头像,踢出队伍即可。组队后只有队长可以带领队伍行走,队员下达的行走指令无效。

马建作为队长每周要发布消息、部署任务,花很多时间和网友们共同完成攻关任务。他认为这些都是自己责无旁贷的工作,同时因为自己负有的责任,心中时常涌动着自豪感。他在网络游戏中尽情展示自己作为一个优秀分子应该具备的责任心、进取心,享受运筹帷幄的快感。从正面的角度来说,他是可以让自己在某个方面出类拔萃的,却为何把这种可贵的能量运用在网上,而不是在现实的学业中呢?

首先,网络游戏能满足马建的控制欲望。他天生拥有一定的权力欲和控制欲,但在现实生活中往往会由于各种因素而得不到满足。

互联网以多种形式呈现着具有诱惑力的控制和授权。马建可以随意控制自己的网上活动，改变自己的用户界面，也可以随意选择自己喜欢的队员，从而获得一种"主宰一切"的感觉。

类似于马建这样的玩家，对于自己是否有能去控制许多事物的自主性没有信心，而更多地认为自己多受外在因素控制，倾向于表现出外定控制观的特征。相对于内定控制观的人来说，外定控制观的人更易沉迷于网络，或沉迷于其他可掌控的事物。

其次，人会将自己的行为与结果联系起来。当马建在游戏中的行为能够获得愉快的结果、产生奖赏，他便会重复这个行为。在同步互动的网络空间中人们可以获得许多方面的成就感，而这也是网络的另一大魅力。马建在游戏中，就像在进行一项富有挑战性的工作。通过联网他能即时地与无数人进行竞技，这一体验所带来的兴奋程度和满足程度是单机游戏所不能及的。

网络游戏是在一种虚拟环境中进行的；在游戏中，各种生活形式通过计算机技术被虚拟出来，网络世界成为巨大的生活演练场。玩家可以选择自己角色的性别、外形、生理、心理等特征，从而建构各种自我形象。

自我实现是网络游戏可以满足的主要需求之一，可惜网络世界所能提供的满足只是一种虚幻的体验，只是精神上的一种享受。目前网络游戏中外挂泛滥，一部分原因也在于玩家对成就感的需求不能通过正当途径得到最大满足，从而产生不正当竞争手段。作为玩家，马建不仅能够完成诸多攻关任务，而且比别人完成得更好，这样他自然会获得一种非常愉悦的感受,导致他继续沉溺于网络游戏。

🔷 俄狄浦斯情结

马建出生后,大部分时间都和妈妈生活在一起,爸爸因工作繁忙很少回家,直到近两年一家人才得以长期一起生活。在他印象中,爸爸是个执法者,当自己犯了错误,妈妈无法处理时,爸爸才和他联系或者回家对他进行思想教育,有的时候难免对他拳脚相加。

很多家庭中惩罚子女的责任都经常落在父亲头上,甚至体罚这种错误的教育方式也一般都是等孩子父亲回来执行,有许多孩子母亲把"告诉爸爸"作为强迫孩子服从的手段。也许有些母亲怕一旦她们承担惩罚的任务,便会失掉孩子对她们的情感。这无异于在暗示孩子父亲才是家庭生活中的实力人物,让孩子们对父亲产生恐惧心理,客观上破坏了父子之间的关系。

在治疗中我引导马建回忆了一些童年往事,让他把压抑的情感倾泻出来。马建说:"我感觉爸爸像个外人。他很严肃,好像经常在生气。我小时候很怕他,只要他一找我谈话,我就心里发慌、害怕、想哭,但我会强忍着眼泪,不在他面前哭。

"小时候,有些事情我本来能做好,但只要有他在场,我就做不好。我甚至不敢跟他对视。"

……

他在叙述时,描述得很细致,足可以看出这些事留给他的印象之深、对他刺激之强烈。

"可是你爸爸经常不在家，一年也难得在家几回，那更多的时候他并没有和你正面接触的机会吧？"我问道。

"嗯，有时候我就盼着他走，他走了我就自由了。"马建说完长吁了口气，好像现在回想起来还很沉重似的。

"可最近一年多，爸爸和你们生活在一起了，再也不走了。"我把他的思绪从过去拉回到现在。

"所以我有时候挺烦他的，但现在好多了，我再也不怕他了。"其实，他不仅是不怕他父亲了，而且时常在抵抗父亲的行为中找到一丝报复的快感。

"你烦他？"

"可能因为我从小没和他生活在一起吧，这两年我们在一起生活，我总觉得他打乱了我和妈妈平静的生活。"

我追问道："嗯，看来有些不适应的情况……"

他眉头一皱："比如说，原来看电视就是我和妈妈在一起，我们坐在沙发上，天冷了盖一床被子焐着。有时候我妈坐着，我就把头枕在她大腿上。现在就是他们俩一起坐着，我在旁边待着。"

"这时你的心情如何？"

"……我不太开心，呆呆地听着他们说话，我就不太想说话，有时干脆不看电视了。"

马建显然嫉妒父亲坐在原来自己坐的位置上，也许他尚且年幼时，对父亲偶尔回来和母亲有近距离接触并不敏感，可现在这个正处青春期的男孩却难以接受父母间亲密的互动。

为此,他甚至在父亲刚回家来的那段时间心神不宁,曾经向父母要求说,自己晚上要和母亲睡一张床,父亲睡自己的床。潜意识中,他已经在某种程度上取代了父亲的位置,而觉得父亲抢夺了本应属于自己的空间。父亲应该是偶尔回来的匆匆过客,可这个陌生而又熟悉的过客却从此居留,再也不走了。

"也就是说,爸爸回来后打破了你内心的平静,那对于妈妈呢?"我问。

马建回答:"我不知道。"

"你感觉妈妈更爱你还是更爱爸爸?"我试图了解马建母亲传达给了孩子怎样的信息。我回想起和他父母初次交流时给我留下印象的那一幕。

"我觉得妈妈更爱我,我在妈妈心目中应该最重要。"马建不假思索地回答。

"……"

"我对妈妈说什么,她就听什么,比如我告诉她说对姥姥要好一些,她就挺听我的!"

这句话听起来带着一个成熟男人的口吻。

我反问道:"是因为你,妈妈才对姥姥好,还是因为妈妈本来也是爱姥姥的?"

"……可能都有吧,但我说了以后她对姥姥就更好了。"马建对于自己在妈妈心目中的影响力表现得很自信也很自我,他甚至认为妈妈爱姥姥都是源于对自己的爱。

马建希望占有母亲全部的注意力。他会熟练地找出各种办法有效地占领妈妈的脑海，并使妈妈关心他。一方面他会撒娇以博取同情和爱意，另一方面他会通过和妈妈的争执来获取关注。他有一种支配妈妈的欲望，想要完全控制她，只有过度被母亲骄纵、以自我为中心、不去关注其他人的孩子才有这样深的欲望。

马建甚至认为他的妈妈挺孩子气的，事实也是这样——对于马建不甚理想的现状，马建妈妈根本没有能力去管理，或者说是逐步在放弃这种权力。在她和儿子主动的嬉笑打闹中，在她偶尔表现出的对儿子的依赖中，在当儿子犯错后随性责怪两句又若无其事的行为反复中，在对儿子生气时类似撒娇的怄气中，"母亲"的形象慢慢弱化、走形。

马建的妈妈从小生活在农村，离开农村后在与人的交往中一直采取回避态度，表现得内向拘谨，基本上没有什么自己的朋友。平时很难看见她把这种在儿子面前的活泼积极运用到和同事的人际交往中。她除了必要的工作少有正常的社会交往，一心一意全在孩子身上。马建妈妈强烈感觉儿子是她自身的一部分，过分强调和儿子间的联系，压抑的真性情只有在儿子面前才能得以完全释放，儿子因此承载了相当沉重的情感。

对于任何一位母亲，以下这一点都必须特别注意：如果你过分强调孩子的某个方面，那么其他方面自然会受到忽视。长此以往，马建妈妈对于孩子的教育怎么可能有力度，怎么可能客观呢？她又如何舍得去义正词严地亮明自己爱的原则,有分寸地引导孩子的行为?

很多时候我们会认为自己遇到的是一个个貌似简单的生活细节问题,但如果我们稍加留意,改变行为做法,就会发现这些小问题对我们的生活影响巨大且深远。

马建在和爸爸长期一起生活之前,可以随心所欲地享受自己在家庭中日益突显的主导地位。妈妈即使想管他,也根本不是他的对手,他有办法让妈妈对自己无可奈何、不了了之。现在妈妈甚至很难对孩子开口说出拒绝的话。当然,"坏人"总得有人做,爸爸那执法者的形象便因此益发清晰了。

我没有立即展开针对马建母子关系的治疗,而决定先收集相关的信息,做一番了解。这个敏感的关键话题应留待心理医生和患者之间的关系更稳固的时候再议,而且在后续的治疗中,马建也会自然而然地继续暴露出相关问题。在目前阶段我更多关注的还是他自身的成长和发展,是孩子在这样的家庭环境背景下容易形成怎样的人格特点。网瘾患者多是由于人格缺陷再加之网瘾的作用而在日常生活中形成了一种恶性循环,在其网瘾病程发展过程中,病态的行为及其所造成的外部消极反应又加速了心理病态的形成。

▲对学习的恐惧

从小父亲不在身边的马建,对成长为一个男人味十足的男子汉有着比普通孩子更深的渴望,他经常说"一个男人应该……"。尽管这样的话语从 17 岁男孩嘴里说出来显得有些早熟，但他就是如此强烈地认同这些思想。矛盾的是，拥有这些思想又令他非常懊恼——他不知道若要成为一个真正顶天立地的男人，他能为自己的前途做些什么。生活中的他是如此渺小、令人失望，除了通过网络游戏，他如何能叱咤风云又受人尊敬呢？就像他自己所说的："我的游戏级别高，在网上拥有绝对权利，我看有些人不顺眼，便可以在不破坏游戏规则的情况下任意惩罚他。有时候我就是'老师'，可以教别人一些过关技巧。这太有意思了。"

其实，游戏策划并不仅仅是有个精彩的故事、有几个好点子就能做好的，而是要打造一场全方位的声色大餐和情感盛宴。就对玩家的诱惑力而言，游戏的剧情安排、故事的叙述方式、游戏主人公的特点、游戏中的情感与悬念、游戏的节奏、界面的风格、色彩音效的逼真度，都需要考虑到。

玩家在游戏中可以体验不同于现实生活中的感受，得到心灵上的解放。游戏的世界是虚构的，但游戏中的人和情感的体验却是真实的，把握这个似真似幻的世界的虚实平衡正是游戏策划者的不二法门。许多玩家在网络上寻觅一种另类的自由，这种自由与其说是精神的自由，不如说是欲望的狂欢。可在网络游戏编织的诸多快感背后，除了貌似自主的欲望之外，还有许多不甚明朗的心理需求也被巧妙而细致地加以利用，引君入瓮，以致你根本分不清或者干脆不愿分清哪些是自主的欲望，哪些是被灌输的欲望。

马建作为某网游中的高手玩家，已经有了提携新人的责任，例如，传授游戏常识、指导购买合适的装备、指点路途、解答任务疑问等等。当新手玩家成功出师后，师徒双方还会获得系统奖励的特殊称谓和经验值。随着教导的徒弟不断增多，马建也获得了各种不同的特殊称谓。在网上这般如鱼得水，完全是美妙的梦幻之旅，在游戏中既是队长又是师傅的马建，自然会投入更多的时间和精力。

马建经常逃课去网吧，并且在每次考试前的一段时间会表现得更严重，好几次甚至从考场临阵脱逃，可见学业给他内心带来的压力很大，使他对考试已经产生了严重的恐惧心理。但不能否认的是，他内心深处仍希望自己能好好学习、能好好表现一番，可惜这样反而会加深他的恐惧症状。

恐怖症表现为对某一物体、活动或处境产生持续的、紧张的、毫无道理的惧怕。患者对此有回避行为，自知这种恐惧是过分或不必要的，但不能控制。害怕导致回避，而回避反过来又强化了恐惧，从而形成恶性循环。它是以往挫折和创伤性体验的结果，是在以后遇到类似情形时发生的条件反射，并且这种恐怖情绪还会常常发生泛化。

所以，马建出现这种症状和学业受挫、心理自卑有关系。心理咨询中常用行为疗法治疗恐怖症。行为疗法需要马建对自己的焦虑程度、学习状况、成绩表现，以及缺乏信心时的体验等情况进行描述。三思之后，我决定不用行为疗法，而用意象疗法消除他的恐惧。

意象疗法认为，恐怖症患者想象的意象会以象征的方式直接反映他们潜意识中真正恐惧的对象。治疗的主要任务就是加强患者的勇气，消除他对这些意象的恐惧和厌恶，并通过调节意象来影响患者的深层心理，改变其心理的恐怖状态。

第一次意象治疗中马建想象的是小房子。房子是一个意象，它象征着心灵。他看见的房子室内光线暗淡。这反映了患者消极、抑郁的情绪，也反映患者不愿看到自己内心深处的一些东西。

开灯后他看到黑板、教室和试卷，试卷上写满了字，但他就是看不清楚。我让他整理好试卷，他却花了很长时间也无法整理。这么多试卷看不清也无从整理，使他心绪烦乱，这是厌倦考试、厌倦学习的象征。

这里就需要改变意象。我引导他把试卷看成黑白相间的美丽图案，经过两次反复他终于看到了黑白相间的美丽图案。意象的改变，是在现有意象的基础上，对患者的意象进行积极的重新释义，给予患者一个积极的解释，减轻患者心中的恐惧、焦虑。

接着我又让他想象在墙上开一扇窗户，让阳光照进来，房间里明亮通透了许多，再布置房间，如摆放鲜花等。布置房间就是修饰自己的心灵，可以减少焦虑，产生一种积极的心理暗示。

经过这一步的分析与调节，马建自述感觉不错。我们又用意象疗法进行了第二次治疗，揭示了他怕老师发试卷、怕考试、怕上学的深层心理。第二次是想象照镜子的意象，这也是意象对话中常用的一种分析方式，它同样具有象征意义。马建看见镜子中浮现出来的是一位可怕老师的形象，仔细看又有点儿像自己的父亲。

通过意象推测，马建可能是因为对父亲或老师的恐惧而对学习和考试生厌。老师在某种程度上就是父亲的代言人，而且老师不止一次地在教室挫伤过他的自尊心，他心灵深处对父亲的恐惧和愤怒也延伸到了老师。此外，对母亲的过度依恋，也影响了马建自我的成长，以至不能很好地处理自己所面临的问题。通过意象分析得出的结果和现实状况不谋而合。

其实恐怖症是转移作用所致，起因在于对某件事物产生恐惧感或反感，而将之转移到其他事物上。人们因为不愿意承认原有的恐惧感，便采用这种防御性的转移机制。要解开马建的心结，父亲是关键。当然，在基地是住院治疗，如果是常规门诊，配合这种技术的运用，同时在生活中进行脱敏训练，治疗效果可能会得到更大的巩固。

随着治疗的深入，我逐渐让马建脱下了豪言壮语、乐观自信的伪装，直面具体真切的让他困窘的事实。他开始敢于对我说出真话，倾诉自己内心真实的担忧：

"其实我的成绩很糟糕……

"如果爸爸不帮我，我不知道自己前面的路该怎么走，我觉得我一直都很依赖他。

"我有时很希望自己长大，可又害怕长大，因为长大后就要对自己负责任了。"

⬢ 依赖和成长

接下来的时间，马建的情绪不像前段时间那么高涨，反而有些沮丧，交流也被动了许多，但这种状态持续的时间不是太长，他紧接着开始出现类似儿童的言行。通过一段时间的治疗，当时的我已经了解到马建的母亲在生活细节上对他的照顾无微不至，父亲的任务则是每次帮他去处理学校的相关事宜，如在马建因为经常逃学等违反校纪的行为被劝退时，父亲会靠走关系让他得以继续上学。我很快便判断出，马建的儿童言行意味着他把在生活中因为受到过度保护而形成的严重依赖他人的个性表现出来了。

马建从治疗最初表现出的超过17岁的早熟形象突然变成一个不到10岁的孩子，在诊问中就像个调皮耍赖的孩童，经常双手托腮撑在桌子上，向我挤眉弄眼，偶尔还嘟嘟嘴，那神情似乎在说："你看，我还只是个没长大的孩子呢，我还不足以为这一切负责任！"

他在向我撒娇，可惜我不是他的妈妈，我抓住他此刻的行为，直接说出了我的感受："我怎么突然觉得你变小了，像个孩子似的。"

"其实我就是个孩子！"他有些急地回应我。

"嗯……"

"我觉得做孩子挺好的，我不想长大，而且我本来就是未成年人。"马建歪着头，天真地看着我。

"做孩子有什么好处？"

"不用想那么多烦心事,一天到晚都挺开心!"

成长的烦恼,这可是个永恒的话题,谁都知道长大后需要自己承担责任,可谁又有资格拒绝长大呢?

"比如说呢?"

"比如说,学习呀,成绩呀,升学呀!"他的语气中充满了不耐烦。

我故意问:"如果不读书了,你是不是会轻松些?"

"不会,我还是会烦,以后不能有好工作,这个……这个……要是永远这样不长大就最好了。"马建有点儿不好意思地结结巴巴道,"可…这又不可能呀……"

我微笑着问他:"看来真是件难办的事呀,很矛盾,那怎么办?"

"有好几次我被学校劝退了,都是我爸给我解决的。"

"那如果有爸爸能给你解决问题,你是否会轻松些呢?"我试图引导他对父亲和他前途之间的关系产生更清晰的认知。

"但我爸只在我们那个地方认识人,如果我要去其他地方上学,他也没办法了!"马建已经考虑到父亲的帮助对于他来说,虽能够提供一定的保障,但不足以高枕无忧。

"除了爸爸能帮你,你能为自己做些什么呢?"

"都挺难的,凡事还是先想好后路吧。"

我想找出他曾经自己解决困难的经历,帮助他树立信心,于是问道:"回忆一下,自己曾经是否也解决过一些困难?"

马建思考了好一会儿,叙述了一个并不是太典型的事例,我因势利导去鼓励他，给予他肯定。可以想象他在往日的生活中缺乏自己独立处理问题的机会，这样的锻炼机会都被家长剥夺了。

其实获得解决困难的能力是孩子的需要，也是培养自信的必由之路。

由于自信心不足，马建想得最多的是凡事做好最坏打算，而不是在出现不良后果之前去付出努力，至于所谓的最坏打算，其中还包含了对父亲会给自己铺设后路的依赖心理。如果在事情还没有做之前已经在心里考虑不良后果，这当然会影响他的行动力。确实，马建在这种心态的驱使下，本想迈出去迎接困难的脚一次又一次退缩了，使他在本可以办到的事面前也裹足不前。

马建在感觉困扰时，也曾试图和父亲沟通交流，想获得一些精神支持，但父亲擅长的说教和一堆空洞的大道理像一阵狂风，又把他刮回原地。有时，父亲甚至会动员亲戚好友一起来对他进行思想工作，那是最糟糕的方式，似乎要让全世界的人都知道自己无可救药似的。往往这时，马建会感觉颜面尽失，怒火中烧，于是在网络上寻求发泄，他曾经因为内心的愤怒而在游戏中疯狂攻打，攻下了一个许久未攻克的难关。

马建在家里受到了过多的关注和呵护，随着他慢慢长大，他自己都能看穿自己脆弱的内心无法适应成长的需要。更可怕的是，将来进入社会，当他面对的困难和挫折远远超出个人想象时，他会产生逃避的心理，希望青春期无限延长，从而得以逃避现实的生活和责任。遗憾的是，我们在生活中总会遇到各种各样的挫折，大部分网瘾患者没有承受挫折的心理准备，稍有挫折便出现强烈的情绪反应，逃进网络环境提供的避难所。

▲母子之间

在治疗中，我指出马建是刻意让自己表现得像个孩子，并和他对此加以探讨，他意识到自己行为的深层原因后有所收敛，但过两天后他提出想中断治疗。

我问他："怎么想走了？"

"嗯……我觉得自己心里明白了很多……"

"哦？你指的是什么？"

"有困难我要自己去克服，不能躲。"他说得没错，但这肯定不是他想中断治疗的原因。他现在提出的要求也许正是应了他想躲闪和逃避的心态。

"还有别的想法吗？"

"我从没离开家那么长时间，想家了。"

我追问："是想家吗？"

"想妈妈。"

"我前几天和你妈通过电话，她好像心情还不错。"

"她一人在家，我心里不踏实。"马建的回答明显没有考虑父亲的存在。

"现在爸爸和你们生活在一起了，妈妈不是一个人，有爸爸照顾她呀。"

"我觉得我自己照顾才放心，只有我能照顾好妈妈。"

马建甚至说他以后不想交女朋友结婚，他想一直和妈妈生活在一起，一直照顾妈妈。我必须打破他这种顽固的想法。不难看出，马建的内心始终只和妈妈联结在一起，甚至把妈妈当作解决自己爱情和婚姻问题的对象。这种想法背后的意义是，他很难再相信有其他女性能够成为像妈妈一样的合适的合作对象。

"有没有妈妈需要的某些方面的照顾，是你给不了的？"

马建一愣，"应该没有吧。"

"你给予妈妈的照顾永远是出自儿子的角度，可妈妈不仅是妈妈，还是妻子。你照顾妈妈照顾得很好，是她做妈妈的最大幸福，可她作为妻子呢？需要的丈夫之爱呢？"马建没有应答，皱着眉头在沉思。我这话一出口，必定会陡然引起他内心的反感和惊愕，但没有关系，走出治疗室后他还会去思考这个问题，这也是我的目的。

"如果你觉得只有你能照顾好妈妈，也就是说，爸爸对妈妈的照顾你都不放心，那你可能会时刻想站在离妈妈最近的地方，有没有可能在某些时候挡着了妈妈看爸爸的视线呢？"我边说边用桌上的木偶做了简单排列，让马建可以更清晰地看见自己的情感和父亲在家庭中的孤独状态。

马建在随后的治疗中产生了阻抗，他的阻抗也同时表现在基地的日常生活中。他的脸上没了刚到基地时那飞扬的神采，不再帮着护士发药，也不再帮着教官督促大家起床做早操，很多时候自己躺在床上发呆。

他在治疗室里多了一份静思的感觉，直视我眼睛的次数也减少了。我看出他依然渴望和我交流，但较从前又生出了些抵触。应该说，我对这样的状态还是较为满意的。我希望他有一定程度的阻抗，这证明他的内心已经默默地起了变化，但又不至于完全毁了我们之间的治疗关系，证明他依然有勇气接纳我，同时接纳自己。

对于马建和他母亲之间的关系，我没有再继续深入下去，因为我不想惊扰他，想让他自己带领自己继续思考和往前走。我转而努力去修通马建和他父亲之间的情感之路。

▲父子之间

在治疗中段，马建的父亲来见过我一次。他也曾意识到父子间相处的不融洽，试着尽量多和孩子接触，创造机会带他出去玩，但效果不佳。如果说在马建尚且年幼时，父亲就已经能有足够的意识构建健康的亲子关系，而今肯定是另外一番更为快乐的景象。

我问马建："你觉得爸爸爱你吗？"

他不假思索地回答说："爸爸肯定爱我，他为我做了很多事。"这样表达出来的爱多少令人感觉生硬，似乎父亲只是用来解决困难的工具。接下来的交谈中，马建却再也回忆不出生活当中父子间点点滴滴的感动和温暖人心的片段。

父子现在共同面临的僵硬的关系状况，源于早期父子之间没有构建良好的感情基础。加之马建在青春期又面临的新课题,解决父子间的问题是难上加难。对于马建来说,这也是成长道路上的重要难题之一。他当然也希望和父亲有更为正常的良性关系,无奈自己却一筹莫展。

"你的同学和他们爸爸的关系,和你一样吗?"

"不是,我和我爸的关系比他们更差,我挺烦恼的,其实我也挺羡慕人家父子其乐融融,我也想和爸爸那样,但做不到。"父子俩都有同样的心愿,却像两条平行的河流,始终不能交汇。

我问他知不知道他的父亲和他想法一样,而且努力尝试靠近他,只是父亲靠近他的方法不一定是他所喜欢的。令人较乐观的是,马建说他曾经感受到了父亲的努力,只是有意无意地忽略了。

在现代社会中,男人的活动范围仍然比女性的活动范围大,他们有较多的机会体验社会生活。在社会生活的问题上,父亲应该是孩子的顾问,而不是由家庭教师代劳,但不能仰仗着较多的经验,而过度地对孩子进行谆谆教诲,满足自己自恋的心理,应该像朋友一样对孩子进行劝导,以避免孩子反感。

我对父子俩做了两回家庭治疗,让他们从言语习惯和行为方式上找到可以联结情感的努力方向。马建和他父亲的情感不可能在朝夕间就扭转乾坤,但应该能够朝着一个良性方向去发展,让马建内心有更强的情感力量支撑。这样,当他遇见挫折和困难时,就不会再流浪到网络上不问世事,寻觅来自陌生网友的关爱和认同。衷心期待他们能够有个好的开端和新的起点,为爱出发,为爱努力。

同时，要想让马建父子间的情感之路更顺畅，马建母亲是个非常关键的人物。治疗结束后我和她交谈时，虽然她有些回避所涉及的问题，但她能意识到自己和孩子间的相处应该保持合适的距离，应该为父子情感的传达做一些工作。一方面，她需要努力把孩子对她的兴趣扩展到孩子父亲身上，当然首先她必须对这位父亲有浓厚的兴趣。另一方面，她不应再单纯考虑自己和孩子的联系，否则孩子会继续被宠坏，难以发展出人格的独立性。

治疗期间我和马建父亲约见过好几次，每次在我开口说话时，他都会拿出笔记本做记录，我有些感怀于他的认真态度，他应该是一个凡事都很尽心尽职、努力踏实的人。但我希望自己提出的建议不要只是笔记本上的文字、流于教条，而是应该渗入他们的生活！

从基地回家后，马建没有返回他辍学的中学就读，而是主动选择了离家较远的一个封闭式学校，为自己的人生目标奋斗。马建父亲经常去学校看他，虽然马建父子暂时还没有达到其乐融融的理想状态，但他们可以一点点去感受，感受何谓父爱如山！

> **个案启示：母爱的伟大在于无私的分离**
>
> 母爱的真正伟大之处不在于母亲对婴儿的爱，而在于母亲对成长中的孩子的爱。
>
> 孩子在婴儿时期，幼小且无助，完全依赖他人生存。每一个母亲在看着如此脆弱的小生命躺在自己的怀抱里时，都会自然而然地产生仁爱之心。这种对婴儿的母爱来源于本能。婴儿

常常被看成是母亲的一部分,他们对母亲意愿的完全服从和对母亲的迷恋使母亲得到了充分的心理满足。

但孩子终究会长大。在生理与心理方面日益成熟的孩子,将与家庭内部日渐分离,与外界建立新的有效关系。在这一过程中,母亲不仅要忍受还要主动支持孩子离开自己。能否体会到"给予孩子更多自由比将其占有在自己的怀抱中更幸福"的感受是母亲在此阶段面临的一大课题。鼓励孩子离开,提供孩子独立自主和成长的机会,这对于一个深爱孩子的母亲来说不是件易事。

不少母亲就是在这一阶段没有尽到为人母的责任。自恋、专横、缺乏关爱、占有欲强的女性在这个分离课题面前表现得尤为艰难,不仅在孩子青春期开始时就对孩子的分离表示出拒绝的态度,甚至到孩子结婚生子都还不舍得放手,强势介入孩子的生活,终其一生都想将孩子攥在手心。

在分离困难的问题上,孩子的父亲是能够帮助孩子的母亲平稳过渡的重要人物。丈夫在这一阶段应该主动对妻子表示关心,理解并安慰妻子,接纳妻子无处安放的情感,缓解妻子的分离焦虑。夫妻双方都应该有意识地把主要关系放在彼此之上,与对方袒露、分享每一件事。当一方把主要关系放在孩子身上时,家庭就会出现裂痕;而对孩子而言,跨越了长幼关系、被父母当成家庭中最重要的对象也是一个沉重的负担,更会让他产生"世界围着我转"的错觉。这类孩子往往会形成脆弱而又蛮横的个性。

需要注意的是，解决问题的关键依然在于母亲自身。母亲需要把注意力从孩子身上撤回到自己身上，关注自我的成长，去完成自己心里未完成的愿望，在生活中找到与子女无关的亮点，学会从另一角度来乐观看待分离——你是重获自由，进入了人生的另外一个阶段，不是吗？

成长环境

- 情感角色的错位和颠倒，不成熟的母亲从孩子处汲取爱，孩子在某种程度上承担着丈夫的角色；
- 父亲居高临下的亲子态度，出现问题才质询的狭隘的父子关系，成长中父爱的缺席；
- 父母遇事没有引导孩子解决困难，剥夺孩子独立处理问题的机会；
- 父母情感关系的淡漠。

第十章
隐藏的愤怒

阿青的妈妈把他送来基地时，无奈而又伤心地说："阿青这孩子性格内向，这么多年一直言语稀少，即使有时我主动和他交流，他也是爱搭不理、惜字如金。"近来阿青更是变本加厉，嘴上就像粘了封条，干脆不和父母交流，脸上时常显出厌烦情绪，虽然他从来不会爆发出来、冲他们大发雷霆。

更让阿青妈妈感到气愤的是，自己家和阿青的奶奶家是前后楼，现在阿青每晚非在奶奶家睡觉不可，白天也能不回家就不回家，阿青妈妈想把他拽回来也无济于事。这种情况已经持续好几年了，阿青根本没把父母的家当成家。

阿青目前已经辍学在家半年，基本上过着白天玩网络游戏、晚上看电视睡觉的生活。近来更让妈妈感到匪夷所思的是，阿青居然说自己想出家，找一个寺庙当和尚。阿青的妈妈很害怕某天醒来，突然发现孩子不见了踪影。

◆介入

阿青在最初的两次治疗中保持着他惯有的风格，缄默不语。谈话开始时，他回避我的询问，无意义地持续盯着墙面，用简单、含糊不清的语气词如"嗯""呃""啊"等来搪塞我、疏远我。他的脸部僵硬，一副拒人于千里之外的神情。

在治疗过程中经常能遇到这类患者,会让治疗师体验到一定程度的受挫感。治疗师在这时可能需要鼓励自己,患者无论是出现不合作还是过于合作的态度,实际上都是在暴露他们的病症,有时候这就是重要的讯息,可以据此开启治疗工作。

而且,诸多患者被动或强制入院,在最初对构建治疗关系的表现似是而非,有的可能希望早日出院,因而表现得非常积极主动,虚假地配合治疗;有的可能因为突然来到封闭治疗的基地而情绪激烈,把怒火暂时发泄在治疗师身上。无论是何种表现,假以时日方能明朗。实际上,对人疏远的阿青并不一定比表现出"过于合作"的患者更症状严重,人的内在复杂性、矛盾性似乎总是远比表面要丰富。

阿青不仅长期与身边的人缺乏接触,努力不以任何方式在感情上与他人发生关联,也丧失了与自我的接触。他像个生活的旁观者,甚至对自己都持旁观态度。我要做的工作就是,让他停止若无其事地保持这种漠然而又孤立的人生姿态。

"我们在一起的时候,基本都是我在说,对吗?"

"嗯。"

"当我谈论有关你的事情,你的感觉如何?"

"我……我觉得不舒服。"

"嗯,你觉得我啰唆吗?"我笑着问,"或者你在心里已经给我取了个外号——'十万个为什么'?哈哈!"

他的身体在椅子上左右挪动了一下,他说:"不……不会这样的。"

"那你告诉我,为什么总是我在说话呢?"我明知故问。

"我……我真的不知该如何回答你的问题。"

"嗯,因为你一直很被动,所以我不得不向你不停提问,对吗?"我直接把他的抵御呈现在他面前,解释他的消极移情。

"被动"和"不得不"应该会让他听起来感觉有些不舒服,我希望激起他一些不悦的情绪,从而让他有更多的投入,即使是负面的情绪,都会比他目前的麻木和迟钝有益。

"我知道。"他简单回答。

"你只是对我这样被动吗?"我打算把他的问题暴露到更开放和更普遍的人际关系中。

"不是,我……不太习惯。原来在学校那些孩子不懂事,总欺负人,我后来不怎么跟他们在一起玩了。"很好!他开始进行有实际含义的自我暴露了。

"刚才当我说你被动的时候,你有什么感觉?"

"不是……太喜欢。"他微笑着说,但他的心里明明有些生气。

"那你为什么笑?"

"可能我就是这样……""也许""可能"这类词汇都有一定防御性的含义。

"唔……可能?你现在体验到的是什么?既然你不喜欢,你会感到恼火吗?或者别的?"

"嗯……是,有些……恼火吧……"

"嗯,也就是说,即使当你不高兴的时候你也会笑?"阿青自己并不能完全意识到自己的愤怒,需要他人刻意引导。

阿青这种内在情绪与外在表现不一致的现象在接下来的治疗中也频繁出现。

在此次治疗以及后续的某些治疗中,我的做法无疑具有能引起阿青不适和愤怒的介入性和高压性。我不停地追踪他习惯性的隐藏自我的方式,瓦解他不成功的防御,意在让他得以释放自我。因为当他发现无意识的防御作用在降低时,努力维护自我的想法也会相应减少。对待患者,治疗师并不需要时刻做个老好人——让患者相信治疗师能够对他们的感受和信念予以理解才是关键。

在接下来的治疗中,我们探讨了他被动的父亲和支配性较强的母亲之间的关系。其间我继续试着让他放下他的防御。我对他付出了比对别的患者更多的耐心,有时为了等他开口说一句话,我们会沉默很长时间,但我会用支持和共情的目光鼓励他,等待着他的言语反馈。

慢慢地,阿青主动说话的情况越来越多,不再是像从前一样,从嘴里艰难地蹦出来几个简单的字。像他这种性格,如果不把话语权交给他,他可以一直一言不发置身事外。但可以想象的是,在生活中鲜有人会主动耐心地等待他表达。

在治疗上,我还从阿青的自画像里探寻他的内心世界。如下图(图10.1)所示。整个人物占据了画面极小的部分,可投射出他缺乏安全感,有强烈退缩、隐藏自我的倾向。引人注意的是,画面中的人物身着古代侠士的衣服,大家接着往下看后文就会明白了。

图 10.1

在治疗过程中，我们常常会要求患者进行绘画，绘画心理测验是常用的一项投射技术。绘画本身是一项有趣的活动，患者往往很乐意投入其中，既是一种放松，也是一种治疗。

对于患者而言，通过绘画可以深入到心灵内部，让自己的个体潜意识得以表达，由此被压抑的情感通过正当的方式得到宣泄，焦虑也得到缓解，新的有效的防御机制得以建立和运用。而且，绘画是一项创造性的活动，任何创造性的活动都有利于个体的成长和心理健康。

对于治疗师而言，通过绘画能很直观地看到个体内心世界的变化，在测验患者的同时，还可以在当时就通过绘画所反映出的直观的视觉表现，和患者进行情感的沟通，这十分有利于治疗者与患者实现共情。

▲隐藏的愤怒

在阿青的童年记忆里，妈妈和奶奶之间永远战火纷飞、硝烟不断，他不明白她们到底为了什么争吵，但妈妈看起来更嚣张，似乎总能占据更有利的形势。妈妈吵架时，叫喊的声音可以盖过奶奶的说话声，并且张牙舞爪，似乎浑身充满火热的激情，有时把东西砸在地上，有时扔向爸爸。爸爸在那时显得特别紧张，四肢僵硬，什么也说不出来，只是苦恼地耷拉着脸，任由母亲发作。

爸爸对于平息家庭之战显得无能为力，但他即使沉默也不能自保。偶尔妈妈怒不可遏地责问爸爸："你是个死人吗？你不会说句话吗？"每当这时，奶奶便不再和妈妈吵了，默然无语，双眼泪流，这些阿青都看在了眼里。

有时，看见在吵架时不能自控的妈妈，阿青感觉非常害怕，不由自主地躲在奶奶身后。这更让妈妈火上浇油。这时候妈妈会恶狠狠地拽出阿青："你去睡觉，在这儿干吗！"奶奶心疼地抱着阿青，冲着妈妈也提高了声音："干吗呀，小孩那么拽给拽坏了！""我自己的儿子我不知道疼吗？"

阿青愿意和奶奶待在一起。他喜欢奶奶牵着他的小手在马路边上慢慢走，带他看路边的大广告牌，教他识字。他喜欢奶奶的声音，听起来温柔动听，不像妈妈的声音那样刺耳。奶奶从来不打他，有时候他犯了错误，奶奶也不会让他感到害怕，但如果被妈妈发现了，则免不了一顿痛打，而且妈妈时常一边打一边骂骂咧咧，骂的都是特别难听的脏话。最可气的是,每次妈妈骂阿青,爸爸还在一边添油加醋,跟着妈妈一起骂他。

妈妈明显感觉到阿青在感情上和奶奶更亲近,这更增加了她内心的不满。奶奶搬到后楼的房里居住以后,阿青经常往奶奶那儿跑,而且要和奶奶睡在一间房。

当时,阿青最怕的就是妈妈过来找自己回家,因为这意味着他不能待在自己认为安全的地方,而且还要面对妈妈和奶奶的争吵。为此,有时候他会竖起耳朵来仔细听门口的动静,判断是否传来妈妈的脚步声,当认准了是妈妈来了,心跳便开始加速,等妈妈敲门时,心都提到嗓子眼了。他不想奶奶因为自己被妈妈骂,害怕她们俩吵架,但又实在不想跟妈妈回家。

阿青来到基地后,非常思念奶奶。眼看着奶奶一天比一天老了,身体也在走下坡路,他为奶奶去世后自己将如何生活下去而感到担忧,甚至因此考虑出家当和尚。如果奶奶离开了这个世界,他自感会厌世消极,觉得人生了无生趣。

当我谈及阿青对妈妈的情感时,他起初有意回避,但最后还是表达了对妈妈的负面情绪,其中充满了失落、压抑、害怕和担忧。小时候他曾期待妈妈能变得像奶奶一样温和可亲,后来当确定希望落空以后,就只能被动接受事实,用他无奈的原话来表述就是"习惯了这样"。

在这个诊疗过程当中,我又发现当阿青说着令他不快的事件、表达着令他痛苦的情绪的时候,脸上出现的还是不合时宜的笑容。

这种"焦虑的微笑"是他生活中的一种防御方式。我再次把他这种"不开心的笑容"指出来——有时候需要通过将患者暴露在其冲突的感受中才能缓解其症状，即让他的潜意识意识化。

阿青在充斥敌意的家庭中成长的经历，让他对世界有一种本能的戒备。出于自我保护，在受到伤害时他一般不会直接且明确表达自己的愤怒，而是把怒气压抑在心里。因此在治疗中引导他表达和释放怒火也是一个重点。

阿青表面上看起来怯懦，较少主张个人的意志，在与别人发生冲突时往往采取逃避、退让的姿态，似乎是个没有什么"攻击性"的人。但实际上他的攻击性隐藏得很深，更多地存于"欲望"和"想象"中，所以他的抑郁是长期压抑了愤怒的情感结果，是把隐藏的愤怒指向了自己，感觉自己没有价值，从而产生无能感和消极情绪。

⬢ 雪上加霜

阿青从上小学开始就成绩落后，尤其是到初中以后，成绩一般都是在班级里面垫底，他和同学不相往来，还经常被同学欺负。教师或者家长应该及早注意到类似阿青这样的孩子在社交中的孤立。临床发现，不良的同伴关系对于儿童当前和未来的心理问题以及网瘾的发生均有较强的预测性。

不受欢迎的儿童大致有两个方面的问题：一是社会技能不良引发更多同伴的拒绝；二是学习技能差导致学业成绩不良。孩子通过社交技能的培训和练习，例如学习一些如合作、分享、有效交流、关心和帮助同伴等社会性的行为，可以提高自身的社会地位。而且当教师或者同伴参与到干预中时，孩子更易于改变。

但需要注意的是，家庭的配合至关重要。如果孩子好不容易获得的新的社交技能和问题解决策略，受到专制的或本身社交不良的父母所影响而遭到削弱，那么已有的干预成果也会大打折扣，可能导致任何干预的长期效应都不易维持，甚至会产生事与愿违的结果。所以基地提倡"五位一体"的治疗方式，对于患者的治疗，在实施上绝不局限于患者本身；强调家庭治疗也是非常重要的一个治疗环节。

如果在对中小学生的心理辅导中能够发现孤独的孩子，对其有针对性地开展一些社交和学业的技能训练是大有裨益的。但从目前的教育现状来看，我们不仅不可能把这样的工作真正落到实处，而且很多老师反而成为"始作俑者"，伤害孩子的自尊，往孩子的伤口上又撒了把盐。

也许心理教育从发现、重视到切实生效需要一个培育期，但我希望这个周期越短越好，因为我看见不少孩子还未绽开就已凋零，因为他们的茎脉里没有营养的滋润。每个人都将自己一生最为宝贵的青少年时代全部交给了学校，学校承载着重大而又深刻的历史使命。

阿青在学校是众人眼中的"差生"。我们都已经较为熟悉学校像衙门一样，等级森严，把学生分成"好生"和"差生"这样的做法。

在"差生"这个明显具有歧视性质的名词背后，也意味着不公正的待遇。孩子在应试教育的模式下，如果不考个好分数，就不能让父母脸上有光，就会影响老师评优秀、晋职称，自己也不能出人头地，甚至连生活都没有出路。

所以，自己的学习成绩很差这个事实，像个巨大的阴影笼罩着阿青。由于他每次都给班级和老师"抹黑"，老师也很难对阿青保持冷静，时间一长难免在言语和态度上对他冷淡粗暴。阿青虽然平时上课注意力不集中，但他从不捣乱，因此老师起初表现的是忽视的态度，从不主动关心他，只是偶尔用冷漠的眼神看看他，或在宣布考试成绩时故意把音量放得大大的，像是要把"倒数第一"刻在阿青的脑门上。

社会心理学认为，在同伴群体中的评价标准出现之前，教师是对学生影响最大的人物角色。我们经常可以发现，教师喜欢某个孩子，经常关注他，其他小朋友虽然会"嫉妒"这个孩子，但不由自主地还是愿意和他一起游戏。一个孩子在教师心目中的地位，会间接地影响到同伴对这个孩子的评价。

对于阿青而言，老师没有挑明的态度已经潜在影响了同学对他的看法，大家都明白他不讨老师喜欢。这种表面的平静最终还是被打破了。有一次阿青没交作业，老师憋了许久没发出来的火一下就点着了。当着全班人的面，老师大声呵斥阿青："不交作业，不想读书，就回家去，不要待在这儿凑数，拖全班同学的后腿，我都替你丢人！你脑子是糨糊做的呀？"

很快，阿青的"低级身份"从起先的不甚明朗开始变得清晰明了，成为班上公认的脑子笨、拖后腿、使班级荣誉受损的人。有时候淘气的同学直接挑衅他，冲他做着鬼脸喊："笨！笨！笨！"他在班上更得"夹着尾巴"做人了。

同时，老师为了提高他的学习成绩也是绞尽脑汁，不止一次地联合家长共同管教，要求阿青的妈妈一定要以更为严厉的方式来教育孩子，否则成绩根本无法提高。她们的强强联合导致的直接后果是阿青被妈妈痛打，而学习成绩自然是越来越差了。

这位老师也许早已把那一句愤怒的话忘到九霄云外，早已不记得在那几年的时间内对阿青有意或无意的伤害，甚至早已因为桃李满天下而对阿青失去了清晰的印象，可是这一切对于阿青却是刻骨铭心，老师的话深刻影响了他对自己及他人的理解，并导致他持续经历着不愉快的情感体验。

不过，如果过度地责怪这位老师，似乎也不完全合理，老师评先进、得奖金、升职称的唯一资本就是教学成绩，所以有些老师自然把所有教书育人的工作重点转移到试卷的分数上。

但也不排除还有部分老师在坚持自我，维护"师道尊严"。教育应该教会孩子去"爱"，而不是去"恨"。

▲江湖武侠梦

童年的阿青在大人激烈的争吵声中时常无助地幻想有个大侠能

从天而降，救自己于水深火热之中。当他在学校被人欺负时，他不敢让别人知道自己在生气，虽然怒火在内心燃烧，但他只会想象自己身怀绝技，将别人打得心服口服，而不会做出什么举动。面对妈妈，他曾渴望有能力让嚣张的妈妈收敛起来，让奶奶不会难过。

当所有这些丰富的攻击想象遭遇网络游戏时，游戏为他提供了一种虚拟而又真实的快感，而阿青的想象也得到了尽情的释放，使他童年的梦得以成"真"。

阿青在外表上避免与人摩擦，但在内心里却顽固地屏蔽着他人对自己的影响，像在自己周围画了一个圈，任何人不得侵入。尽管他觉得自己软弱无力，但也绝不任人摆布。他的自我孤立不是一种自立自强，而是消极的我行我素。他不想要任何强迫、束缚或者义务，维持着一种自由的幻觉。

阿青从小对武侠精神无比向往和崇拜。那种仗剑行侠、踏遍河山千万顷的豪迈，促使他在网络游戏中对武侠游戏情有独钟。纵观历史，武侠精神便曾经是某些具有孱弱性格的文人的一种心理需求。

阿青无数次地幻想自己是一个侠士，不仅武功超群，而且自由自在。在他的印象中，那些行走江湖上的兄弟姐妹们恣意张狂，像不受任何约束的风。他们在一起"大块吃肉、大碗喝酒"，那是怎样一种无拘无束、痛快淋漓的感觉！

阿青对江湖英雄的崇拜，在一定意义上反映了他正在承受某些精神压抑的状态，期待着心灵得到解放，成为一个快乐的人。他想充分挥洒个性，活得自在如风，追求敢做敢当、敢爱敢恨的自由精神。

他曾经最痴迷的一款网络游戏表现的是古代凄风苦雨的武林岁月中杀手的血泪生涯。游戏展现了一个逼真的江湖世界，在其中阿青成为一名江湖杀手，挥舞手中之剑，尽显"十步杀一人，千里不留行"的原始英雄本色。

谈到武侠，谈到江湖，"轻功"是最吸引人的一个武功招式。想象自己如世外高人一般，只要两脚往地上轻轻一点，便身轻如燕地跳过了城墙，或瞬间便可凌空万丈，自然无比惬意。在武侠游戏的世界中只要鼠标右键一点，就可以看见人物穿梭在云端里，双手上摆，形状好似大雁，再看时，已经从半张屏幕中落下。玩家还可以在游戏中看到刀光闪闪、剑气纵横、飞檐走壁、空中交锋等典型的武侠特效。

不过武侠游戏首先是游戏，所以网游设计师把游戏的趣味性放在首位，不会过于强调所谓的武侠特色。阿青喜欢武侠游戏中让弱者因为装备的作用而有机会战胜强者的设置，这也是游戏中的一种变数。

如果铁定了武功弱的打不过武功强的，等级低的不能战胜等级高的，如果真的只能像武侠电影或小说里描述的那样，平时埋头苦练，那在游戏中比武的时候站在一起，比一比哪个头上的经验槽和血槽就行了，这样游戏本身也不会有那么吸引人。所以在游戏中，装备是可以转移的，表面上的弱者不一定永远会被所谓的强者踩在脚下。那种反败为胜的过程实在是扬眉吐气。不难想象，生存状态压抑的阿青，怎能不向往成为游戏中那些自由自在、孤行不羁、怒剑青衫狂的江湖英雄？

每个人都害怕被家庭、集体和社会抛弃，也只有那些被抛弃的人、在现实中弄丢了自我的人，才会真正长期迷恋电子游戏。电子游戏就像海市蜃楼，它能给你带来感觉的快意，带来情感的共鸣，可你就是得不到它。反过来，如果你无休止地玩，它也会开始"玩"你，它貌似沉默无语却有很强的控制性。当玩家长期沉溺于它，自然就会远离人群，在现实生活中被边缘化。

如果你对游戏有如此深切的渴望，可想而知你在游戏之外的现实情感世界又是多么匮乏无力。我们每个人都有被集体和社会认同的需要，如果一个人长期不被社会认同，他自然会改变自己的行为。

◆身心互动

阿青在治疗中还表现出剧烈的偏头痛，通过检查排除了器质性损伤的可能性，这种情况在来基地之前也经常出现。近 50 年来，科学研究已注意到心理因素在疾病发生中的重要作用。例如，高血压是由敌对的竞争活动引起的，偏头痛反映出压抑的仇恨、愤怒或冲动，等等。

从阿青的症状入手，我判断应该是他情绪表达上存在问题，没有将愤怒直接表达出来，而是将其压抑下去并转向了自身，就像吞下了所有的愤怒，从而转化为躯体上的反应，产生了偏头痛。一般而言，出现躯体化症状的患者不太容易感受和觉察自己的情绪，而是由身体帮助其表达出一些情绪感受，所以，阿青相当于是用头痛这种症状说出了他没说出的话。

为了帮助阿青更好地学会放松自我，以达到抗应激的效果，我们对他采用了生物反馈治疗，即通过反馈训练，改变个体的行为模式。该疗法借助生物反馈仪器，使躯体生理信息转变成易于理解的信号或计数。

通过观察仪器显示，患者可以发现神经系统哪一部分没有放松，从而提高对身体松弛状态的全面觉察，然后让躯体肌肉放松，达到精神状态的放松，即解除焦虑患者习以为常的警觉过度与反应过度的身心状态。通过不断的反馈，患者有意识地去控制病理过程，促使功能恢复。

这些生理活动的信号，如果没有仪器的辅助，是不可能被准确觉察的。一个人肌肉松弛、皮肤温度高，不一定表明他是完全松弛的，也许此时他心跳还是快速的，脑电波频率依然较高。

反馈仪能提供的反馈信号包括肌电、皮肤温度、皮肤电阻反应、脑电波、心率、血压、胃肠活动产生的压力和胃酸度等。偏头痛是由于脑血管扩张而引起的一侧性头痛，在治疗中需要采用肌电和皮肤温度的信号，使用肌电反馈训练和皮温反馈治疗方法。

生物反馈训练使阿青一般感觉不到的体内的生理变化信息显示出来并得以放大，让他直观地看到自身的情况。他可通过自我意识主动地调节自己生物信息的变化，如改变皮温、调节肌电水平等。

当肌肉放松时，其头痛的症状就减轻或消失了。

值得注意的是，这种疗法要求患者发挥想象的作用，并将注意力始终集中在反馈信号上，由治疗师辅助引导放松训练等。患者经过特殊训练后，从信号的反馈中知觉身体的变化，进行有意识的"意念"控制和心理训练，从而消除病理过程，恢复身心健康。生物反馈仪并不能直接治病，它只是告诉你身体的状态，改变或维持这种状态要患者自己寻找适当的方法。

通过生物反馈治疗以后，阿青学会了放松的技巧，从情绪上感到放松与安定，面部表情也从僵硬紧张变为舒缓柔和。与此同时，我和阿青详细探析了有什么特殊情况会和疼痛一起发生，发生时有什么特别的时间或地点，或与哪些人在一起，以帮助阿青理解他的行为发展。

情绪和情感是我们行为的动力。若一个人不能以健康的方式做出反应，便会产生适应不良的行为模式，这些不适应行为是无意识的。

经过循序渐进的治疗，阿青能够不再刻意地回避思考那些导致他不愉快情绪的事情。他的这种回避始于童年，那时他因深深地遭受老师和家庭的伤害，几乎不能应付不愉快或痛苦的感觉，所以转为回避。

通过对往日恶性事件的重复体验，阿青不再害怕体验强烈的负性感情，增强了对焦虑的耐受力。虽然当他回忆起多年回避的一些事件与情绪反应时，体验到了程度更深的悲伤、恐惧和气愤，但由此而学会处理这些情绪将是应对未来生活所必要的。阿青一点点感受到自己的进步,他因为了解到自身能够学会去克服认知和情感的回避,从而表现得更加自信了。

▲不再回避

美国心理学家罗洛·梅强调:"冷漠乃是情感的萎缩,恨并不是爱的对立面,冷漠才是爱的对立面。同样,意志的对立面也并非犹豫,而是不介入、脱离和不与有意义的事件发生关系。"

阿青曾经说过奶奶去世后,他想出家当和尚,实际上这是他想彻底地回避,把离群索居作为一种全面的自我防御手段。一旦失去了奶奶的情感支持,在生活这个难题面前,阿青显得毫无自卫能力,他既不想归属,也不想反抗,只能独善其身、逃避众人。他的内心感到恐惧,因为他没有应付生活的其他办法——除了逃跑和躲藏。

不过,当阿青内心的力量逐渐增强时,这个"出世"的想法就没那么强烈了,更何况从前他对于现代寺庙的理解,停留在武侠小说里那种人迹罕至的深山老林里的寺庙,更多的只是他对隐居生活臆断的一个理想状态。

有时候青少年较容易用一种不成熟的方式思考外部世界,片面看待问题。通过探讨,阿青也了解到现代隐士的生活和他想象中的隐居生活有着千差万别,那还是融入这滚滚红尘吧!

自古以来,婆媳关系似乎是个永恒的难题,总是纠缠着那么多说不清道不明的恩恩怨怨。阿青的奶奶和妈妈一直关系紧张，而阿青爸爸软弱无助和无所作为的态度，看似无害，实际上伤了所有人的心，包括他自己。

奶奶和妈妈都认为自己更疼爱阿青。两人在阿青小时候发生的很多争吵，都发端于阿青不想和妈妈待在一起，感觉妈妈不够温和可亲，而更想和奶奶在一起。妈妈眼瞅着自己的儿子偏偏和自己最不喜欢的人感情越来越好，心里既着急又生气，对于这个与自己抢夺儿子的婆婆自然无法容忍。妈妈变本加厉的态度让阿青觉得妈妈越发狰狞，也越想离妈妈远点。同时奶奶觉得这个打骂孩子、脾气暴躁的媳妇实在是危险，鼓励阿青躲到自己的怀里来寻觅安全。

可想而知，在这场爱的争夺战中，阿青的妈妈貌似强大，其实一直处于劣势。直到现在，她还只能眼睁睁地看着儿子扑进奶奶的怀抱，对她却总是保持着一成不变的冷漠态度。她的气急败坏只能把阿青一天又一天地从自己身边推开。

这对婆媳自从分开居住以后，基本不相往来、形同陌路。尽管她们之间孰是孰非都已经随风逝去，但留给阿青的伤痕却无法褪去。

就像所有身处有强烈冲突的家庭中的孩子一样，阿青看见了太多怒目而视、言辞激愤的场面。在这个充满敌意的世界，他感到极度的不安全，孤立无助并深受困扰，便自己摸索生活的道路，寻找应付这带有威慑性的世界的方法。

尽管他年幼力弱，充满疑惑和恐惧，但还是无意识地形成了自己的策略，来应对环境中各种发挥作用的力量。起初呈现的情况可能是一片混乱，最后阿青发现能得心应手使用的策略就是"自我孤立"。他认为这是一个相对安全的举措，可惜这样做的结果不仅是发展了相应的策略，也发展出了长期的病态心理倾向。

成长中的阿青努力与他人保持感情上的距离，表现出压抑一切感情的倾向。当然对于一个不合群的人而言，并非是他不渴望友爱，只是这些渴望都在那羞辱的校园生活中受挫了、被禁锢了。他没有胆量再去渴望，而把注意力集中在避免给别人创造否定自己的机会上。

因为阿青害怕失败和被拒绝，"哀莫大于心死"，他开始表现得对外界的任何刺激都无动于衷，干脆从此否认除却奶奶之外任何感情对象的存在，唯独对奶奶存有一份深厚的情感依恋——其实说到底这也是一种消极的依赖。

他从前暗恋过一个女孩，但没有信心追求对方，转而认为男女之爱没有意义，宁愿用想象的关系来替代真实的关系；他对于父母之爱也早就不抱希望，并且反应从期待落空之后的愤懑转为淡漠。

阿青初期主要认为生活没有意义，出现抑郁状态，随后逐渐发展到有强烈的空虚感，内心体验日益贫乏，不愿进行抉择和竞争，缺乏甚至丧失了责任感和成就感。

不难看出，阿青在经历了学业及社交的失败以后，将之归结为自己的能力不足，从而对自己的成功期望过低而放弃努力，变得沮丧和不思进取。即使偶尔有一丝可察觉的成功，他也认为是运气使然，而不是自己有能力做到这一切，这样他就无法体验到因为自己能力强而产生的骄傲和尊严。此类人倾向于将好的结果做外在归因，而将不好的结果做内在归因。

而这种将成功归诸他人或外在环境、将失败归咎于自己的现象，社会心理学家称之为自我挫败型归因。如此归因类型的患者表现出一种习得性的无助，他相信自己是缺乏能力的，从而形成自我挫败模式。

在网瘾患者中，不少人的生活形态受着这种自我挫败的生活脚本所支配。他们总是想着自己不能做这个，不能做那个，自己是个失败者，觉得自己干什么都不行，再多的努力也是白搭。如此一来，生活无以为继，在现实中又找不到自己能做或者敢于去做的事情，干脆去上网玩游戏。

临床发现，儿童在初中阶段开始沉溺于网络游戏的比例较大，这可能是由于从小学后期开始，儿童对学业成就的重视程度逐渐降低，并在学业中形成消极的自我认同，这种趋势在初中阶段表现得尤其明显。导致这种趋势的主要原因，是儿童开始能够区分努力和能力，并认同能力固存观。

能力固存观，即认为个体的能力是一种高度稳定的特质，不受努力和练习影响。其实儿童在 7 岁之前，往往会比较乐观，8~12 岁开始学会区分能力和努力，慢慢开始对自己的成败做归因，而成败归因一旦形成后，便影响了个体的成就动机和学业自我概念。对自己学业归因不良的孩子，有可能在初中阶段表现出对失败的消极反应。

当需要面对挫败的时候，归因不良的儿童基本上形成以下 3 种行为策略：逃避、补偿和攻击。这也是我们经常在网瘾患者身上所看见的沉迷网络游戏的3种状态，彼此之间没有绝对的界限，有时候交替出现。对于阿青的行为来说，有逃避也有攻击。

阿青的父母来接他出院的时候，阿青妈妈对于往昔的很多做法道了歉，并说明当时自己并没有考虑到给阿青带来的伤害，而是自顾自地沉浸于自己的情绪之中，而且向阿青保证回去以后就与奶奶和好。阿青接受了妈妈的道歉。虽然他暂时没有完全向父母敞开心扉，让他们走进来，但至少他不再把心门关上，拒绝给别人机会。

他重新点燃了希望，探头观望门外的世界，再度期待失落的温情。

最后一次治疗中，我从奶奶目前的担忧出发，引导阿青找到爱奶奶的方式。我让他知道，奶奶很疼他，但疼他的结果不是希望自己去世后，孙子去出家当和尚。奶奶希望在有生之年，看见他健康而又快乐地生活着，这样她才能开心地多活几年，最终放心地离开。

阿青的妈妈改变的决心真是不小，回去后为孩子做了很多的努力。现在一家四口搬到一块儿住了，毕竟奶奶岁数大了，照看起来也方便。阿青的愿望达成了，即全家人能够在一起和和美美地吃饭、看电视。其实，奶奶和妈妈之间并没有什么深仇大恨，只是双方都较着劲，没有找到和好的契机而已。

阿青家人十多年的怨恨让人不堪重负，也因此失去太多欢声笑语，甚至牺牲了阿青的健康成长。起初回家的一段时间，阿青依然辍学在家，没有复学，但据他妈妈说孩子精神状态比从前好多了，言语和笑容有所增加,她觉得很欣慰。又过了一段时间,阿青去上学了,说至少要拿个高中毕业证回来。

富有意义的孤独不是畏惧深入自己心灵深处,逃避紧张的神经,被迫默默地离群索居,压抑自己的情感;富有意义的孤独,不会被淹没在嘈杂的生活中,它应该能够让你找到心灵的静谧,从而自我完善。

个案启示:孩子的疾病是家庭的晴雨表

每时每刻,我们都在与外界做交换。这种交换不仅包括进食、饮水等物质层面的交换,也包括与我们周围之人的交换、与我们所见所闻的交换等非物质层面的交换。后者比前者来得更为频繁,并且,在无形之中对我们的身心健康乃至我们的未来具有更大的影响。因而,古人有言:"非礼勿视、非礼勿听、非礼勿言。"

家庭是影响儿童最深远的地方,一个人在儿童时代与外界的交换绝大部分是在家庭内部完成的。孩子的心灵远比成人的感知能力更为敏感——孩子可以感受到家庭互动行为背后更深刻、更微妙的情感状态,父母假装开心是无效的。生活在一个屋檐下的人都是在心意相通的状态下生活,不快乐的事情只有说出或者没有说出的区别,因此,如果家里的情感氛围充满紧张和压力,孩子吸入的每口空气都会负荷着高压力的情感,长此以往可能影响孩子身体机能的正常运作。比如,环境带给孩子的紧张和愤怒会造成孩子身体器官充血，进而导致慢性炎症；过度的刺激和恐惧容易导致气滞。

阿青一直患有过敏性鼻炎，这属于呼吸系统的问题。

为什么阿青有过敏性鼻炎？因为他嗅出了外面的空气有毒。阿青承受并吸收了家庭气氛中的恐惧和不安，感觉到威胁和不舒服，本能地想要排除外界的气氛，他的身体忠实地反映出了他对环境的不满、恐惧和愤怒。这些不良的情绪引起鼻黏膜血管扩张充血、腺体分泌旺盛，从而产生鼻炎的临床症状。鼻腔——就是他和环境互动时最激烈的战场。

许多父母自认为自己已倾尽所能抚养孩子，是天底下最好的爸妈，但"高品质养育"不是父母自封的，而是由幼儿的整体状态所决定的，反映孩子状态的不是体检时的一些硬性指标，而是孩子作为一个完整生命体所呈现出来的一些特征：身体健康，没有反复发生的疾病，身体四肢舒展，动作协调不僵硬，脸部肌肉放松，五官平衡，眼睛明亮，对疾病免疫力较强，情绪表现出稳定性和灵活性，具有良好的表达能力和想象力。

对于儿童来说，无论是先天疾病还是后天疾病，都能够在一定程度上反映出他的家庭问题。经常生病的孩子都是在为他的家庭或某个家长的身心不健康买单。因此，父母不应单纯地把孩子的疾病解释为身体问题，而应该关注疾病的内在诉求。

成长环境

⊙ 充满敌意的家庭氛围；

⊙ 在学校遭受言语的虐待，被同学和老师所排挤和歧视；

⊙ 父亲木讷呆板、情感表达存在障碍，父爱缺席；

⊙ 母亲实施的身体及语言暴力。

第十一章
走下圣坛的母性

理想客体

本篇的女主人公莹莹，是这本书中提及的唯一一位女生。虽然网络游戏中刀光剑影的世界充满着兄弟与帮派、热血与汗水，似乎更适合男性，但网络游戏的社会也像我们的现实生活，不可能只有男性唱独角戏，除了兄弟情谊、团队荣誉，更让英雄挂念的还是游戏中的"美人"，让他动情的还是游戏中缠绵悱恻、情深似海的爱情故事。所以，女性的魅力在游戏里也是无法隐藏的，许多游戏的服务器里因为有了几个大美女的加入而人数大增的情况也不罕见。

莹莹沉迷的网络游戏有些特别。她玩的不是许多女性玩家所青睐的造型可爱的Q版游戏，而是《魔兽世界》。在这个奇幻世界里，真正的女性玩家并不多见。

男性玩家更注重游戏本身所带来的竞争性和成就感，而对女性玩家来说，玩家之间关系的重要性、对内心感性需求的满足超过了对游戏服务和体验的要求。女性玩家的心理特性决定了她们在游戏中不会仅仅寻求感官刺激，也不会仅仅止于赢得胜利，而更重视情感的表达。

莹莹没有选择有明亮的色彩、可爱的人物造型的游戏，而选择了血腥、暴力的在线角色扮演游戏。为什么深受普通女生喜欢的卡通网络游戏中可爱的游戏画面不能得到莹莹的喜爱呢？这是因为

《魔兽世界》少有女性问津,"物以稀为贵",莹莹在这个游戏中更引人注目。出于异性相吸的本能,男性玩家对游戏里少见的女玩家都很是在意。这一点女玩家们自身当然也能察觉得到。她们能感受到自己在网络游戏里所受的关注比男玩家的要高。

在鲜有女子出现的这款游戏中,莹莹像明星,像落入凡间的仙女,引来众男子追随的目光,这让她感觉自己非常"受宠"。女性在游戏中独有的"优越性",使她们总是能够得到别人的帮助,惹得一些男性玩家在她们面前大献殷勤。通过这些男性玩家,她们可以得到大量的金钱、高等级的装备、稀有的宠物。这样的特有待遇甚至使得一些男性玩家开始使用女性ID,假冒女性玩家。莹莹在游戏里人见人爱。看着别人为她争风吃醋,或多或少满足了她的虚荣心。

在游戏里,即使是男性玩家,也很难从来不靠兄弟朋友帮忙,自己单枪匹马升级装备。男性玩家相互间建立起兄弟情谊,而女性玩家与男性玩家间的关系有时候难以定位,带有暧昧的味道。

大部分女生玩网游,并不追求级别比其他人高、装备比其他人好、钱比其他人多,可以向大家炫耀。大多的时间她们都在和其他人聊天,或者一边悠闲地钓着鱼,一边看着拍卖行里各种各样自己买不起的物品发呆。

莹莹在游戏中慢慢和一个"盗贼"熟悉起来,他一直耐心而又用心地陪着她打怪练级。他喊她"老婆",也经常"宝贝宝贝"地叫她,莹莹也默认了。有时候莹莹没上线,他便写信给她诉说思念之情。

这个"盗贼"与众不同的执着和热情使他脱颖而出,扣开了莹莹的心扉,让她心动不已。她感到很幸福,幻想自己是他永远的宝贝。在现实中害怕沉入感情漩涡的莹莹,不能自控地神往着这份慢慢培养起来的虚拟感情。

她喜欢在虚拟世界完成与人情感的交流,这一切更符合她对人际交往理想化的高标准要求。

莹莹最初在两种情况下会跑到网吧:一是和妈妈吵架了。她不想和妈妈待在一起,恨不得再也不要看见妈妈了,便跑到网吧躲起来,也不想让妈妈找到她。二是当情绪突然变得无法自控时,网吧成了她有意识释放自我的空间。相对于别的方式,如做小手工艺品或者弹琴等,网络游戏更容易让她转移注意力。

在她的成长中,走向成熟的过程曾经被迫中止,她被反反复复、不能始终如一的情感所伤害。她曾努力去寻找一个能全面照顾、保护她的理想客体,然而,没有人能实现她对理想客体的愿望,结果只能是对人际关系感到失望,陷入长期的挫败感中。

也许在网络中,她能找到一个相对理想的客体来满足愿望。虽然这一切美好仅存于她迫切的臆想之中,但即便如此,她又如何能抗拒这种感性的魅力?

▲圣母?巫婆?

莹莹现年 20 岁,正在上大二,学习艺术类专业。来到基地治疗之前,她已经在不同的城市不同的治疗场合有过多年的治疗经历,均由她妈妈全程陪同。莹莹妈妈第一次见我时，带着一本厚厚的文件夹，里面装着几次治疗的病历和档案记录，以及她书写的日常生活记录——有一本是她自己撰写的莹莹从小到大的生活经历，其余的密密麻麻地写满了她认为女儿患病时或者情绪异样时的语言记录，甚至在每句语言旁边都有符号仔细地标识了莹莹当时的面部表情。

莹莹妈妈把这么多的不幸和让她烦忧的事情记载下来似乎还不够。尽管她已经和前几个心理医生说过类似的事情，却依然保持着饱满的叙述热情，不停地向我陈述着桩桩件件的痛苦往事。如果我不插嘴打断她，她应该能够一直说下去。

从她表述的内容不难想象，这几年她对于女儿始终保持着高度的关注，倾尽全力地呵护女儿。为了一心一意全程陪女儿四处求医，她已经把工作辞去。每次女儿在某医院治疗，她总是在医院附近租房子与女儿同住。莹莹的病情时好时坏，所以治疗后莹莹妈妈又和女儿一起回到女儿就读的大学，而且在学校附近租房看护女儿。尽管女儿再三要求她回老家去，但她坚持要和女儿在一起，否则她不放心。

大概由于这几年持续的奔波、操劳和精神上的紧张，莹莹的妈妈看起来身心俱疲，脸色灰暗，面容憔悴。初次见面，莹莹的妈妈就让我感觉她已经非常疲惫，需要休息。即使莹莹需要她在身边时时陪护，就以她当前的生理和心理状态，恐怕也是心有余而力不足。最主要的是她自己的心情都很难保持一个自我放松和协调的健康状态，对莹莹的治疗难免造成负面影响。在我面前的是一个为了女儿四处奔走的母亲，但在莹莹的成长过程中，莹莹妈妈并没有自始至终地表现出这种倾尽全力的关爱，其中的经过也是一波三折。

莹莹的妈妈32岁时才生莹莹，在当时当地属于晚婚晚育。当初怀孕时，夫妻感情便出现裂痕，时常争吵，后来莹莹的爸爸干脆出外工作。莹莹的妈妈妊娠反应强烈，经常呕吐。尽管莹莹的妈妈孕吐反应严重，但被丈夫视为小题大做，所以她情绪持续低落，不时心烦意乱，经常埋怨腹内的胎儿——都是因为莹莹的不期而至，才把她的生活搞得这么被动。实际上莹莹的妈妈在当时可能有个模糊的念头，想打掉这个孩子。

可在莹莹降生后，莹莹的妈妈看着襁褓中可爱的小宝贝，心生内疚，自责怀孕时情绪不佳，觉得曾经有愧于小莹莹，不由自主地宠爱起莹莹。因此莹莹在幼年感受到了温暖的母爱。妈妈似乎把很多的期望都寄托在这个小生命上，从小教育她追求完美，她也在学习和艺术等方面不甘人后，而且表现突出。这一阶段莹莹的妈妈暂时忘却了与丈夫之间情感的烦恼。

这样平静的生活持续到莹莹8岁。莹莹爸爸长期在外工作，莹莹妈妈不甘寂寞，发生了婚外情。莹莹也隐约感觉到了父母之间关系的恶化。更主要的是莹莹妈妈在此时还患上了严重且反复发作的妇科病。生理和心理的双重压力使她突然变得急躁易怒，而且一发不可控制。她对莹莹的态度产生了极大的变化，经常出现从前未有过的打骂行为。她像一头受伤的母狼，似乎把所有的怨怒都撒在了朝夕相处的莹莹身上。

她密切观察莹莹让自己感觉不满意的细节，随时准备爆发。如果在吃饭，她便用筷子抽莹莹的脸；如果在扫地，笤帚便落在莹莹的身上；如果手无寸铁，那就赤手空拳上阵，抓头发、扇耳光等。

在某种意义上，她根本没有打莹莹，她是在对丈夫、对她自己进行报复。不管事实怎样，她有足够的借口来原谅自己的暴躁，那就是为了"教育和训练孩子"。

莹莹在无数个夜晚，孤独忧伤地抱着自己的娃娃熊玩具，怀念妈妈往日那关爱呵护的眼神。可是美妙的回忆似乎越来越淡，浮现眼前的是妈妈那已经扭曲了的时常流露烦躁的面孔。她的小脑袋怎么也想不明白妈妈到底是怎么了。

莹莹无法预计自己什么时候可能会惹恼妈妈，招致盛怒和打骂。昔日温暖的家已经变得有些可怕。如果爸爸在家，那他还能保护自己，可爸爸回家的机会太少了。

有一天放学了，莹莹还不想回家，只想在外逗留。一位貌似温和可亲的叔叔把正在溜达、目光茫然的莹莹带回家并且强奸了她。当她带着伤痕跌跌撞撞回家后，妈妈因为她回家晚了，还是二话不说地揍了她一顿。

原本性格活泼的莹莹变得越来越离群索居、少言寡语。妈妈虽然不再像从前嘘寒问暖地热情关心她，但唯有一件事依然十分在意，那就是莹莹的学习成绩。令人遗憾的是，身心受挫的莹莹，无法再像从前那样快乐地投入学习，其结果只能令妈妈越来越失望。

莹莹的心里恍恍惚惚，难道爱是有条件的？妈妈给予自己的爱是凭她的好恶吗？只有当自己的行为满足了母亲的需要，才能得到她的爱吗？

莹莹和妈妈之间的距离越来越远，读初中时妈妈开始注意到莹莹出现的一些反常行为：情绪焦躁，不能自控，笑容越来越少，几乎不主动和她交流，习惯性地把自己关进房间拉紧窗帘，睡眠困难。在高中阶段莹莹的这些情况益发严重，房间里经常乱七八糟，也不注意个人卫生。

妈妈着急地带莹莹去看心理医生，心理医生让她沉睡许久的母爱复苏了，她如大梦初醒般地深切担忧，开始后悔这么长时间以来以强硬的态度对待莹莹，并对莹莹流下忏悔的泪水。从此以后她再也没有用拳头来教育莹莹。

高中阶段的心理治疗使母女俩的关系暂时得到缓和，她们之间开始有了交流，家里暂时恢复安宁。得益于从小进行的艺术训练，莹莹以优秀的专业课成绩，考上了外地某市的艺术院校。

莹莹的经历不由得让人心生疑惑，她所感受到的"母爱"是何物？难道是时而拳打脚踢，时而泪流满面？难道孩子只是个有血有肉的玩具布娃娃，可以被时而溺爱时而折磨？莹莹的母亲对待孩子的态度，似乎更取决于她自己的整体生活处境及她对此的反应。可生活有时是变化多端的，难道母性的温柔不能坚持到底吗？

毫无自卫能力的孩子有时候是危险的，尤其当她的母亲总是对生活心怀不满的时候。

心理学家荣格曾经说，所有的母亲身上都有圣母与巫婆的成分，只是程度与比例有所不同。从横切面看，从婴儿到成人，孩子在每个不同阶段和母亲都有不同的爱恨情仇，他们之间永远在对话交战。纵向看，每个人心中都有一个理想的母子关系，和母亲的关系走向何方，是子女在关键时刻必然会面对的问题。

母亲这一概念有时候因为过于神圣而显得虚伪。大千世界中，某些母亲的奉献并不完全或者纯粹是真诚的，也会奇特地混杂着一些别的因素，如自恋、虚假的利他或虚荣的幻想等。我们常常看到母亲在抱怨，她们表现出悲痛无辜的样子：我将自己的一切都给了孩子，处处为孩子着想，结果不光得不到感谢，还要被指责。

可能值得我们探究的是，这种为他人好的想法是建立在什么基础上的。每个人的生活都带有过去的影子，过去未满足的欲望在潜意识中左右着我们的行为，并将这种欲望投射到他人身上，这样一来，在我们做出虚假的利他行为的同时，还要让他人背上感恩的负担。

▲病态共生的依恋

莹莹母女俩的关系有如张爱玲小说中的许多母女：互相依赖、互相提防、互相嫉妒，灰暗而晦涩。她们之间充满着既依恋又排斥、既倾慕又嫉妒的复杂心理。亲情对一个人来说应该是最终的避风港，然而莹莹与母亲之间那种时而和谐时而冲突的关系、没完没了的纠葛，已经让莹莹产生深深的倦意和孤寂之感。

这对母女都拥有异常敏感的神经和情感，稍一不小心就会碰伤对方、撞得一塌糊涂，偏偏又天天在一起，因此莹莹母女俩的日子几乎是在爱与恨的交叉中艰难度过的。

有时候，莹莹看着妈妈日渐瘦削的身体和早发的白发，看着妈妈特意跑老远的路为她买来许多她爱吃的菜，看着妈妈大热天在厨房忙碌的背影，不由得感动了，觉得应该对妈妈好一些。她们之间会为此而和解，显得亲密了许多，像要好的姐妹似的一起去逛商场，一起在傍晚的小风中散步。

但是更多的时候，莹莹母女俩常常会因为一些鸡毛蒜皮的小事而争吵。莹莹妈妈对于女儿在生活中的一举一动进行监视、限制和压抑，所有在生活中遭遇的小问题都有可能变成导火索。争吵虽然起于小事，但她们很少在吵架时就事论事，而是可能扯出一大堆的老账一起清算，到最后可能升华到对人生态度与理想的争执，直到女儿摔门而出。

作为母亲，她一方面想控制女儿、增强女儿对自己的依赖，一方面对于莹莹的前程始终耿耿于怀。她依然强烈渴望通过莹莹的学业实现她的野心。她总是忍不住一边担心莹莹的身体和心理，一边指责莹莹耽误了学业。

听着妈妈如此漫天不着边际的埋怨，新仇旧恨涌上莹莹心头，以致让她冲动地脱口而出："我就是个没什么用的人，你别指望我！""我不是有病吗？你还想让我干什么?！"有时候争吵激烈时，莹莹用刀顶着自己的腕部威胁妈妈，妈妈立刻软了，跪地恳求莹莹别冲动干傻事，列举了一堆自己的错误，从过去忏悔到现在。

莹莹母亲的态度使莹莹经常处于又反抗又懊悔的情绪当中。她们就好像是两只刺猬，分开的时候彼此感觉寂寞，但是处得太近了，又不可避免地彼此伤害，而且无法自控。母女两个始终处于这种矛盾关系，周而复始。

女孩在成长过程的早期阶段，往往无法接受自己人格中阴影的存在，不能把它和谐地包容到整个精神系统之内，而是主观地排斥、拒绝，把它放逐到无意识之中。当她们面对母亲时，往往更倾向于把自己排斥和压抑的阴影投射并强加到母亲身上。

女孩会在母亲那里发现，自己同样具有不愿承认的种种动物性及人格中的劣性成分，从而产生失望的心理，并为自己从母亲那里遗传而来的相像的性格气质感到气愤不已，长此以往，母女俩的矛盾日益激化，彼此深恶对方。莹莹就是因此而从骨子里冒出一种孤独和厌倦。

通常在与妈妈爆发了空前激烈的争吵后的瞬间，莹莹会突然深感，她们俩彼此其实十分相像，妈妈看上去就像是一个老了一些的自己。

莹莹被妈妈带到基地后，母女两人做了一番协商，莹莹表示同意在基地待一个星期。她认为自己是完全为了妈妈才同意住院的。同时莹莹的妈妈和从前一样，住在了基地附近的招待所里，也经常来基地。我建议她在治疗期间尽量减少和莹莹的接触，但没有做出太强烈的限制。

比较有趣的是，莹莹妈妈并没有经常刻意来基地找莹莹，而是和基地工作人员频繁接触，像祥林嫂似的对所有她认为对她会有所帮助的人重复叙述莹莹的病情。有时候，她很有耐心地在治疗室的门口等我，只要瞅准了我没在工作的空档，门一打开，她便以很快的速度进入治疗室，和我继续她那没完没了的担忧和对生活细节的详细描述。

在女儿长时间的治疗中，莹莹妈妈认真阅读了不少心理学书籍，并且把书籍中有的病症生搬硬套在女儿身上。她还用"放大镜"来检查女儿的很多行为，把它们统统都归为异常而且病态的反应，所以有时候女儿的一个简单情绪表达，都被她细致地记录在案，并引起她的高度重视。

不仅如此，她还会把她的"专业发现"全部告知莹莹，让莹莹了解自己的病情，并推荐书籍要求莹莹进行自我治疗。尽管莹莹每次对她推荐的书籍都不屑一顾，但她依然故我地劝诫女儿："不要辜负我对你的关心。"并不断重复地告诉莹莹，"妈妈是爱你的。"她也渴望从女儿口中说出同样动情的话，但即使在她的强力诱导和要求下，莹莹也从来不说。

这两年，莹莹在哪，莹莹妈妈就跟到哪，事无巨细地照顾莹莹的日常起居。她也不由得为自己叫冤：自己如此费尽心力，却换来女儿的冷漠无情，更可见莹莹病态的严重。显然，莹莹妈妈十分希望她对女儿的照顾会得到感激。

　　莹莹妈妈也非常关心我对莹莹采取的治疗方法，不断虚心地请教和询问，并试图让我对从前莹莹接受的相关治疗加以评判。从她身上我看见的，与其说是一腔沸腾的母爱，倒不如说是她如一个专业工作者一般的执着和热情。所以在她冗长的言语间，我突然问她："你有没有发现一个问题？这么多年你都没上班，但你已经把带女儿看病这件事当成你的工作了。"她张大了嘴巴，愣住了。

　　不得不说，对于莹莹的母亲，这确实是一项意义重大的工作。目前处境使她实现自我有多么困难，她的心里就孕育着多强的欲望、反抗情绪和不由自主的要求。

　　目前，莹莹的母亲缺少青春、缺少爱情、缺少职业、缺少社会关系。尽管莹莹并不能替代她失意的爱情、破灭的理想，但她似乎只能一意孤行地抓着孩子的手，渴望通过女儿去实现自我，满足于对自我的关注，梦想通过孩子得到充实、温暖和价值。

　　我们每个人都是独立存在的个体，即使最亲密的人之间，也不可能做到"你即我、我即你"。在与他人交往时，尊重人与人之间的界限，并辨明他人的边界，是心灵健康的表现。

　　可以看出，莹莹的母亲焦虑得反常。为了不让孩子离开她，她放弃了一切娱乐、一切个人生活，扮演起众人眼里牺牲者的角色。由于这种牺牲，她更理直气壮地认为自己有权不给孩子任何独立地位。实际上这种"自我牺牲"为的是得到莹莹的"牺牲自我"，满足她对莹莹强烈而又专制的支配需求。

可莹莹已经长大了，她希望脱离母亲，形成自己的独立地位。这在母亲看来有些忘恩负义的意味，她想减弱女儿从她身边逃走的意志，她无法容忍女儿不再和她一起分享命运。从她生下莹莹时，她就希望这个孩子能成为她的替身、成为一个优秀的人，以弥补她自身的劣势，给她昏暗的人生带来光明。所以，她要通过种种迹象来证明莹莹无法独立生存，专注于像寻找新大陆似的找出莹莹的不堪一击。

莹莹的妈妈倾向于把任何一件小事都解释成令人不安的大事件，焦虑容忍性较低。也许她本身就有着较低的兴奋阈限，大脑边缘系统存在先天不稳定性。

◆ 创伤重现

从我和莹莹的接触来看，莹莹的问题确实挺大，存在焦虑、抑郁的临床症状，具有病态人格。她的情绪反复多变，经常长时间感受到情绪低落并不能自控地发怒，伴有因焦虑引起的躯体症状，如偏头痛；她有冲动的消费行为，曾经花钱购买自己负担不起的高档化妆品、服装等，在短短的半天时间花掉一整个学期的生活费；和同学的关系持续不稳定，也陷入过诸多时间短暂的异性关系中。从前多次的心理治疗针对的都是莹莹神经症的急性发作以及大学时期形成的网瘾。

事实不像莹莹妈妈想象得那么夸张。或许从前的治疗对莹莹起了一定的作用，莹莹不完全像她妈妈所描述的那样，什么都无所谓，毫无顾忌。她内心有着向上的生命力，她渴望自己能够好好地生活，而且想做回"她自己"，而不仅仅是"妈妈的女儿"。

莹莹由于在早年的生活中遭受过比较严重的心理创伤，内心非常敏感，对人有一种顽固的不信任，特别是当她和别人亲近时，内心常有不安全感、疏离感和被限制感。对于莹莹，治疗早期我安排在一个温暖、开放的气氛中进行。

莹莹在第一次见我时，烫了时尚的发型，身上带着有个性的配饰，指甲留得较长，做了美甲，但她的眼神是斜的，警惕地看着我，沉默，然后警惕地环视四周。我想首先应该让她轻松下来。

从治疗经验来说，青少年都比较重视自己的外在形象，即使有些患者似乎表现得较为漠然，但事实上他们对自己的形象依然是关注的。莹莹的打扮也足以证明她对自己外貌的注重。

我问她："你知道你什么地方首先引起我注意吗？"

她突然眼神正了，瞪圆了眼看着我："哪儿？"

"你猜？"我卖了个关子。

犹豫……沉默……

"随便猜，猜错了又不罚款。"我和她开起玩笑。她脸部肌肉放松了一下。我接着支起3根指头并说："给你3次机会，然后我告诉你正确答案。"她的眼神一亮，我感觉这个小游戏引起了她的兴趣。

"我的眼睛？"她很快回答。

"唔，这会儿你的眼睛很明亮，但不是标准答案！"我摇摇头，收回中指,并在她面前晃了晃手,代表还剩两次机会。

"是头发吗?"她很快地问,语气有些跳跃。

"哦,发型不错,SPA烫的,很衬你的脸型!"我又收回无名指。

"我的衣服?"她期待地看着我。

"你的衣服好像有点像《浪漫满屋》的女主角穿的款式。"青少年都比较着迷于韩剧,有时候和他们讨论明星,会有意想不到的拉近治疗关系的效果。

莹莹好像暂时忘了我们的话题,突然和我说起这部戏的男女主角,同时好奇地问:"你还看韩剧?"

我装得很无辜,很不解,憨憨地看着她问:"啊?你不允许呀?"莹莹忍不住被我逗乐了,头一低张嘴笑了,我也笑了。

"呵,不是呀,我以为心理医生……而且你……"她断断续续地说。

"而且看我老大不小了,怎么还看韩剧,是吗?哈哈,你可伤我心了啊,我看起来有那么老吗?给我留点面子,其实我还算青春年华,只是在尾巴上而已。正因如此,所以看韩剧就像在抓住青春的尾巴。"

"你多大呀?"

"嘿嘿,秘密,等你出院离开我时告诉你。"我神秘地一笑。

"嗯……你还没说什么地方引起你注意!"她突然想起来了。

我用双手把自己耳垂往下揪了一下,又在脖子上环绕了一下。

她马上说:"耳环和项链?"

接着她说了在哪儿买的、自己为何喜欢这个款式等。由于莹莹学的是艺术类的专业,她对于审美有自己独特的见解,同时也有对美的强烈敏感度。作为3次都没猜中的处罚,我请她为我设计耳环和项链,她欣然答应了,在纸上描画起来。

莹莹起初答应她母亲来基地治疗一周,但在快到一周的时候,她主动要求了增长治疗时间。在这一周当中,我也在努力把她引入一种与往日的心理治疗中完全不同、她不曾寻求到的关系。

在这一周,莹莹保持着较为稳定的情绪状态,而且我们之间的关系建立也进展得颇为顺利,但接下来她便出现了突如其来的抑郁情绪,头发不像前两天打理得比较有型,眼神也灰暗下来,对我似乎也不如前段时间那么友好亲密。这样的反差一如她在日常人际交往中的反应,比如有时候想接近某人,但当靠近时又会觉得太近了,想要自己的空间。由于她早期的信任感被身边亲近的人打碎了,所以她很难信任别人,也不相信她自己。

莹莹在对他人的极端理想化和极端贬低之间徘徊往复,导致她与人交往的行为经常在依附和疏远之间更替。在她的世界中,爱和恨之间没有中间地带,人们不是最好的就是最坏的,即她把自我或他人看成是"全好的"或"全坏的"。因此,某些时候莹莹可能会认为她的医生是最好的,但某些时候也有可能恨医生。

受极端思维的影响,莹莹使用分裂的原始防御机制努力寻觅"全好"客体的存在,结果自然是无法在生活中构建理想的关系,由此产生不可避免的失望从而导致退行。退行将可能使她陷入痛苦的回忆,短暂的精神病思维,原始的防御,愤怒、罪恶和无价值的感受，以及自我毁灭的行为等。以往的创伤事件又浮现在她心头，折磨着她。

有研究表明，童年期创伤对儿童大脑发育会产生影响。在童年早期，也就是大脑发育的关键期或敏感期，为了发育形成某种结构，需要有某种特定的经验，或对某种经验特别敏感。可以说，正是这些经验塑造了儿童大脑的结构和功能。

创伤性经历会导致儿童的大脑结构异常，使某些脑功能受损，影响儿童的情感沟通、健康依恋关系的建立和情绪调节能力。许多证据表明，创伤性经历和亲子沟通失调都可能导致与情绪调节有关的神经功能的损伤，例如，应激可造成海马体体积的缩小等。

此外，男性和女性以不同的方式记忆他们生活中发生的事情：女性比男性更容易回想起童年的记忆，特别是与情感相关的事情。不快的经历会使人的肾上腺素分泌量增加。当女性遇到不愉快的刺激，雌激素增强并延长了肾上腺对刺激的反应，对压力的反应便相应有所增加。雌激素与压力的相关性，解释了某些女孩会在青春期变得对压力更敏感的事实。

从临床的意义上来分析，创伤性的经验会促使情结的产生，情结多属于心灵分裂的产物。一旦情结被触发，总能对人的心理和行为产生极具感情强度的影响。当我们的理性完全被情结所占据和控制时，心理病症便出现了。心理治疗的目的不是让患者根除其情结——这是很难实现的——而是意在通过患者自我的觉察和理解，降低情结的消极影响，去除情结对我们的控制与摆布。

在日常生活中，每当莹莹的情绪陷入不稳定和混乱之中时，她便会使用一些排遣痛苦的方式，如弹琴、做小手工艺，严重时还会自残、割腕。其实她割腕不是真的想死，而是想拥有自我、获得情感关注、攻击外部客体或内向投射。目前莹莹最常使用的排遣方式则是上网。

女性是生活在情绪情感体验中的个体。通常，网络对于女性玩家的重要意义在于满足她们对基本情感的心理需求。据医院的现有数据统计，女性多为网络聊天成瘾，且因网瘾导致不正当性行为的比例达50%。

莹莹至今未有过真正意义上的恋爱经历，通过网络展开的恋情则多到连她自己都算不清楚。其实对方是什么人、多大岁数，对她来说并不重要，重要的是她能够以他们作为理想客体释放自己的情绪，满足自己迫切的情感需要。

然而，莹莹采取的所有疏导行为或者冲动行为均不足以支持她逃离当时的心情，她依然会陷入不可自拔的情绪失常状态。

从临床现有的经验来看，女性网瘾患者的心理障碍往往大于男性，一旦网络媒体对女性不单纯起到普通休闲的作用，而是让女性沉溺其中，她们将更有可能出现人格的改变及精神障碍。当然这只是从经验得来的假设，有待科学进一步的论证。

▲强化自我的体验

在这一阶段的治疗中，我减少了和莹莹的言语交流，也不轻易去触及她过往的伤疤，开始对她实施非言语的治疗，以减少莹莹的阻抗和负移情。

起初我尝试采用了意象疗法。当我用呼吸法让莹莹平静下来后，刚引导她进入想象，她就反应强烈，紧张地弹跳起来，显出异常恐惧的神态。为了避免失控，我也没有继续坚持。

接下来的治疗中我重新采用了沙盘游戏治疗。在系列沙盘过程中，莹莹情绪反复多变，常常这次感觉很好，下次可能就情绪压抑。莹莹与别的患者不同的是，她在沙盘制作过程中会不断变化沙盘布景的情况，甚至有时在做的过程中把原来的布景改得面目全非，使得我记录起来非常困难。

莹莹的沙盘还表现出一个明显特点：频繁使用栅栏、城墙类物件，说明她持有警戒和防御的态度。她经常在沙盘里放上带有神秘色彩的埃及法老、女神像、图腾柱、金字塔等，这可能是因为她所学的艺术专业更注重欣赏异国文化。

她有时甚至同时放很多个有宗教意味的沙盘玩具，以表达她希望借助神灵的力量来庇护自己的愿望。无论是失败的意象治疗还是沙盘游戏的特点，都反映出莹莹内在深刻的不安全感和对被抛弃的恐惧。实际上，母亲对她时好时坏、不可捉摸的爱已经构成某种形式的遗弃。

沙盘游戏疗法将患者放在整体环境背景中予以关注。相比仅用抽象的情绪话语，治疗师通过沙盘游戏能够从更大范围考虑到患者的情绪表达，促进患者的心理恢复。该疗法的一大目标是为患者提供一个安全的空间。在这个安全的空间，患者像在做一个醒着的梦，患者将内心的不愉快或消极体验从被阻滞的情感、无法解决的内心冲突、消极的信念和态度中释放、宣泄出来，将由情境引起的恐惧、不安、担忧、焦虑等负面情绪表现出来，从而促进自我的整合和个性化的实现，恢复潜在的创造力。

随着沙盘游戏治疗的进展，莹莹的情况有了逐步的好转，其沙盘主题也发生变化。在莹莹的作品中开始出现治愈特征的主题，这是令人愉快的转机。如下图（图11.1）所示，沙盘被明显地用水域

图 11.1

分割成两个部分。在沙盘中出现分裂，意味着莹莹交替出现矛盾的两极，这是创伤的主题特征，是莹莹在现实生活中内在世界与外在世界沟通不良的投射。但被分裂的两个部分中间有两座桥作为连接物，暗示着治愈和整合的可能性。她想在自己精神世界与物质世界之间、意识和无意识之间建立某种联系，努力求得心灵的整合，获得内心的平静。这都说明其心理不仅由消极转向积极，而且还转向了整合。

如上图（图11.1）所示，右边的石头是座山，那是男性的象征。这反映出莹莹对男性力量的尊崇和向往是其克服困难的动力源泉之一；也可解释为来自男性的支持力量对莹莹目前面临的强化自我的任务是非常重要的。这从侧面反映出莹莹父亲一直只与莹莹维系着微弱的情感交流，莹莹并没有充分感受到父亲的支持，而又非常渴求和需要父亲的帮助。莹莹同时还解释说，山上有瀑布。水是生命之源，这个水的意象也代表着自我发现、自我成长的能量。这反映出她找到了不断奋进的能量来源，即自己的内心。

左下的牛羊圈被莹莹用栅栏围得很严实，处于隔绝的状态，而且还有牧羊犬在前方守护着。栅栏隔开的可能是她想尘封的不愿意自己去揭示的过往创伤，也可理解为她把伤疤好好地安置起来放在自己的心灵角落。左上角是憧憬、希望、逃避的区域。这片区域的布置反映了她的不安全感以及想要通过逃避获得自由的愿望。而在这里，栅栏保护的可能就是莹莹的这种心理状态。可见莹莹仍然有些闭锁，不愿向内探求。右上角的绿色虽然不是很茂盛，能量有些脆弱，但代表了已经萌发的生命力。

⬢ 呼唤母亲原型

当莹莹的自我能够得到强化时，她才有力量从依赖走向独立，从而脱离母亲，争取自由。她终于慢慢发现，在她和母亲两个人中更脆弱和孤独的是她的母亲。在长期的与母亲的病态共生依恋中，莹莹被母亲压制得几乎无法呼吸，母亲就是她的全部世界。她曾经厌恶母亲，甚至憎恨母亲，但又只能屈从于她的意志，因为她明白"她始终是我的母亲"。

经过自我的混乱期，莹莹既保存了母亲留给她的某些特质，也发展出自己的部分，这样有助于她改善与母亲的关系并且提高对自我的评价。她学会了采用一个更现实的视角：父母既不是全好也不是全坏，每个人都有可能犯错误，但也是可以弥补的。这使得莹莹能够看到人的局限性，从而得到成长，对他人极端理想化和极端贬低的倾向逐渐减弱。她开始能够承认和容忍现实的不完美和对别人的失望，这也证明她开始有自我反省的能力了。

从治疗效果来看，莹莹表面神经症状的消除相对容易，但对人格的核心问题的治疗则非常困难；莹莹在情感和行为方面也许更平和了，但治疗师依然需要跟进后续的治疗。由于长期的住院治疗对于她这样的患者有时有可能会出现负面的效果，如退行。治疗一段时间以后，对于莹莹开始进行非住院形式的心理治疗是很有必要的，这样治疗师才能更好地把注意力集中在处理患者真实生活中的问题上。

与此同时，莹莹母亲的配合对于治疗的预后也非常重要。莹莹的母亲一直在无限地扩大女儿的病情。如果单纯听她的叙述，你听不到丝毫有生命力和有希望的描述。在她的描述中，女儿是无能的、脆弱的、灰暗的、病态的。

我反问她："我和你接触了这么长时间，说了这么多的话。无论你谈论哪个话题，你说的话里有哪句是光明的、带有希望的？哪怕是有一丝的希望？"接着，我坦诚地告诉她我的感觉，"每次听你说话都让人感觉一切无可救药，似乎眼前漆黑一片。你把这样的负面情绪同样传达给本已分裂的心灵，这不是在拯救，而是在毁灭。"

在女儿成长的过程中，母亲其实也应该学习着成长。作为母亲，你是否能看得见前路的希望，你又是否想看见？即使母亲实在无法提供支持，也不应该成为儿女成长的障碍。

不容忽视的还有莹莹的父亲，他在莹莹的生命里总是缺席，从小就不太经常出现在孩子的视野中，只管挣钱养家。在我的要求下，他来接莹莹出院。据莹莹母亲说，在此之前丈夫一直不认为莹莹患有心理疾病。但在我和莹莹父亲的交流中，他并没表现出类似的意思。我想莹莹父母之间的日常交流是彻底无效的，夫妻感情早已荡然无存。可叹这夫妻俩完全是两类人，却阴差阳错地滑入了同一轨道，还在莹莹身上延续了他们的不幸。

莹莹的父亲流着泪说他10岁就见过他父亲上吊自杀的景象，之后完全靠自己努力奋斗。这么多年来女儿一直在治病，他自己一个人支撑着家庭开销，已经在超负荷工作。他感觉很累，经常失眠，已是身心疲惫。他流露出随时想要放弃生命的想法，生存的意志似乎已经相当微弱了。他不能理解自己这样一个老老实实认真干活的本分人，为什么要忍受命运一次次对他的无情打击。

他苦涩地说："生活对我没有什么意义了。"我同情地说："你的意义不仅在于你自身，还在于你对莹莹无可替代的重要性。"我建议他在工作之余抽出时间去看心理医生，治疗对自己百害而无一益的酒瘾。

由于自身的问题和焦虑的干扰作用，莹莹父母无法给孩子提供长期且必要的支持，也无法满足正在发展中的孩子的心理需要。给莹莹造成创伤的不仅是童年性侵事件本身，还有父母的病态人格。当孩子受到伤害时被父母忽略且缺乏情感抚慰，孩子长大成人的精细工程就被打乱了，甚至转向自我扭曲以适应外部世界。当然，每个人早年的经历都会产生深刻的影响，何况莹莹遭遇的是性虐待，而且是在青春期之前，这对她的自我意象、性欲和性行为产生了更为强烈的影响，她也经常感到对自己的身体不满意。

但是，创伤的力量也并没有强大到完全超乎生命成长的力量。只要我们持有信心，邪恶的力量就会日渐衰微。

莹莹父母现有的状态，不由得让人担心莹莹出院后，她如何能获得一个支持性的环境。不良的家庭功能需要莹莹自我成长的能量更为顽强和充沛。莹莹准备回去后好好修完学业，并已经对自己是一个独立个体这一事实有了初步的信心，以期与母亲形成新的平衡关系。

在女性成长的过程中，母亲的言行对女儿的影响非常深远，甚至有可能一代一代传下去。母亲是建立成年女性模型的最直接的来源，当这一模型在女儿心中树立后，女儿所表现的女性气质和母亲气质，会与这个模型惊人地一致。

其实在这个模型之外，在自己内心深处，还有另一个母亲原型，它是在人的集体无意识中为所有人所共有的，代表着一切滋养、包容、富有安全感的原型形象。这个原型自己有生命力，当它被唤醒以后，女儿就相对容易和母亲构筑良性的关系，甚至从长远来看，如果她将来生了女儿，这一原型也可以对她和女儿之间构筑一种亲密关系有所帮助。

莹莹内心的母亲原型逐渐在产生力量。她发现自己和妈妈其实很相像：一样任性、好强、敏感；她因为原谅了妈妈而更变得愿意面对自己。但莹莹母子之间的关系还有待进一步改善——女儿对妈妈的爱要感谢，恨要处理。我建议她出院后，找一家离校最近的医院继续非住院治疗。

莹莹临走时依依不舍，送给我一个亲自用手工细心编织的蓝色凤凰，非常漂亮。祝福她像这美丽吉祥的凤凰，带着灵性乘风飞翔！

莹莹妈妈，鼓起勇气放手吧，且让往事随风逝去。逝者如斯，过多的焦灼、愤恨和不平，只会令你越发沧桑！女儿，找一处朗朗月色，让自己的灵魂澄净下来，透过认识母亲，发现自己，从此自由自在。

个案启示：她，是从我身体里长出来的

在我的工作生涯当中，接触到的母亲和"伟大且幸福的母亲"论调中的形象是截然不同的。相反，她们的身上都带着一种灰暗的底色，暴露出一种别样的真实。你能看见她们做母亲的种种难处与困境、矛盾与挣扎，她们全心全意又自私自利。除却一些令人发指的个案，同为女性的我对于这样的母亲在生气之余，也会产生理解的心情。虽然她们有意或无意的偏差行为给孩子带来了伤害，但她们在生活中的确比男方承受了更多的艰难，情有可原。

莹莹的母亲就属于这一群体。我似乎很难严厉地评判她，尽管我知道她的病态是和女儿的症状交织在一起的，她给女儿带来了很多痛苦。从某种程度上，我理解她。我不想高高在上地去指责她，而渴望帮助她摆脱生活的困境。

虽然女性的身体承载着生儿育女的原始功能，但没有女性天生就是母亲。

要想成为一位母亲，首先要接受生育过程对身体的重新解构、对自己身体原有线条的破坏或消解。这一时期，女性不仅在形体上失去了少女般的年轻和轻盈，而且在内心需要接受自己物化的现实，放下女性身体意象中神秘羞涩的自恋感受，变

成盛放小生命或乳汁的容器。怀胎时腹部的膨大和分娩时身体的变形会让女性恐惧、焦虑。她们原有的情绪、认知、行为、人际关系因为身体意象的改变而产生变化，进而产生自我怀疑。

作为母亲，孩子出生后，你的意识就不再自由。你和孩子绑在一起——孩子在身边时，你做不了自己，孩子不在身边时，你也做不了自己。于是，不管孩子在不在身边，你都会觉得困难。慢慢地，孩子融入你的怀抱，你融入孩子的生活，你似乎和孩子成了一个混合体，而且从中品尝出了一丝甘甜。

可是时间过得好快，你如同参加了一场生命接力棒赛，前一分钟还在热血沸腾地向孩子传递生命的接力棒，后一分钟，你却已经气喘吁吁地坐在一边当起了观众。看着孩子匆匆离你而去，猛冲向属于他的未来，你开始意识到作为母亲的界限所在。

莹莹的母亲是个单亲妈妈，女儿是她情感沙漠中唯一的甘露。她始终是不想离开女儿的。她没有自己的生活，只想和孩子成为混合体。在这方面，她对孩子的意愿没有表现出丝毫的关心，从本质而言，其实是害怕去触碰"孩子是否同样需要自己"这一问题。

莹莹的母亲一心一意地陪着女儿四处寻医问诊。"如果孩子一直病着，是不是也挺好？这样，我就可以永远陪在她身边，照顾她。"——莹莹的母亲在无意识里并不希望女儿康复。她没有意识到，是自己在依赖女儿，而不是女儿在依赖她。

一位母亲从怀孕最初就全身心地参与到孩子的生命中。在整个生育过程中,皮肤的松弛、皱纹的增多、肌肉骨骼组织的永久变化、幼儿生病时的不安与焦虑……这些都留在了母亲的身心之中。父亲在这个过程中,提供物质和精神的保障,以及足够的陪伴和投入,是义不容辞的责任,也是对生命的尊重。

孩子,就是从母亲的身体里长出来的,正因如此,母亲对孩子的分离之爱是何其不易又何其伟大!

成长环境

⊙ 父母的病态人格;

⊙ 父爱缺失,父亲对女儿持有的疏离和放弃的态度;

⊙ 母亲的强烈控制欲,以所谓的"自我牺牲"的精神来加深孩子对依赖关系的沉溺,渴望通过孩子实现自我;

⊙ 父母之间缺乏情感。

第十二章
存在的虚空

◆ 丧失

两年前，17岁的小波比现在快乐很多，也比现在显得正常。他学习成绩优秀，被父母宠爱，妈妈尤其对他疼爱有加。小波还有个姐姐，可从小到大妈妈只偏心他，要什么买什么，从来不心疼钱，而对姐姐就显得吝啬多了。

此外，小波的妈妈还经常责备姐姐不干家务，但她从来不让小波动一根手指头，甚至连吃饭拿碗筷这样简单的事情都被妈妈包办了。小波妈妈满心欢喜地对他说："你学习成绩那么好，大家都夸你呢！你好好读书就行了，我再累也值。"尽管姐姐成绩比小波还好，但她却没有得到和弟弟一样的待遇。

有时候姐姐不服气地埋怨两句，说小波懒，妈妈不舍得让小波受一丁点儿委屈，总是替他撑腰骂姐姐："女孩子就应该干活！"不过，小波有时发现妈妈也和自己一样懒，偶尔会让姐姐去洗衣服，她自己却在沙发上看电视、嗑瓜子。

小波很清楚自己在妈妈心目中的地位，不仅高于姐姐，而且胜过爸爸。小波的爸爸像宠小孩似的宠着这个比他小7岁的妻子。在小波眼里，爸爸经常会被妈妈"欺负"，妈妈很少平心静气地和爸爸说话，经常大呼小叫地呵斥爸爸。只要爸爸在妈妈面前说一个"不"字，妈妈就像疯了似的大声嚷嚷，嘴里还谩骂着，尽情发泄心中的不满。爸爸这时候往往一声不吭、束手无策。

小波因为从小成绩优秀，被父母、老师以及同学夸奖是个聪明的孩子。妈妈更是经常骄傲地在左邻右舍面前炫耀儿子的机灵，似乎这完全得益于她的遗传因子，虽然她认识的汉字都很有限。

可惜小波的成绩到高中时开始走下坡路，学业退步得较为迅速。小波心里也很着急，但他不想发奋用功。他认为自己很聪明，不需要刻苦用功也能获得好成绩。他努力让自己忽略学业压力已经在加大的事实。

尽管小波原有的散漫学习方式不能适应新的学习需要，但小波依然固执地硬顶着日渐沉重的压力，不采取刻苦的行动，还幻想着天降奇迹，让自己能保持原有的光环。他认为如果自己只能考个中等水平的成绩，那还不如考倒数第一，这样有理由昭告大家："我小波不是脑子笨学不好，只是我不想学！"结果，小波的成绩越来越糟糕。

与此同时，小波妈妈的脸色越来越难看，埋怨的话语像家门口篱笆墙上滋生的藤蔓植物，快速蔓延开来。只要小波在家，妈妈的唠叨便不绝于耳。后来事态越来越严重，发展到当他放学回来，家里不再有香气四溢的饭菜，更没有为他精心准备的称心如意的甜点。

之后，小波的妈妈开始每天独自在外寻开心，经常在别人家里打麻将，整日不归。这可苦了小波和他姐姐，两人经常放学后只能在外面小餐馆吃饭。小波的爸爸一直就很少在家吃饭，因为兼了几份工作，平日里特别繁忙，每天太阳还没探出头来，他就出家门了，太阳落山了,他还没回家。

对于妻子不理家务,他也无可奈何,只能多拿一些零花钱给两个小孩,让他们自己照顾自己。这样的状况持续了半年之久。也就是在这段时间,小波开始对网络游戏兴致盎然,后来还是小波的爸爸恳求妻子回来照顾孩子。

升入高中后,小波除了成绩越来越差,和老师同学的关系也逐渐紧张。最后他只能在网络游戏中投入越来越长的时间,逃课、辍学已成为家常便饭。小波的转变让妈妈越来越不能容忍,她经常对着儿子歇斯底里地哭泣和号叫,想唤回小波昔日让她骄傲的时光。但一切都无济于事,最终小波干脆辍学在家。至今,小波退学已有半年,每天除了玩网络游戏之外,便是和一些年龄相仿的小混混四处游玩。

有一天,睡到中午 11 点的小波又要出家门玩乐,但一掏兜里,发现没钱,便向妈妈要钱。妈妈当然不会像从前那么爽快,不仅不给钱,还眼泪哗哗地痛骂起来,从头至尾把小波骂了个狗血淋头。

小波紧锁双眉,看着妈妈痛哭流涕、伤心欲绝的样子,心有所不忍,但一想到如果在这时安慰妈妈,按照过去的经验,妈妈可能会没完没了地哭诉一堆陈糠烂谷子,干脆眼不见心不烦,抬脚出门走人,出去了再说。就在这时,妈妈扑通一声双膝跪下,抱着小波的一条腿,声嘶力竭地哭喊:"爹呀,你是我的爹呀!我前世造了孽,生下一个爹,来气我呀!你就气死我吧!"妈妈咽了一口气,又提高了声音,拖着哭腔像唱戏似的接着高喊:"爹呀!你是我爹!

我去死了算了吧!"

小波起初有点愣住了。当妈妈反复尖叫起来时,小波才晃过神来,心里又生气又难过又难堪,心想:"你不是叫我爹吗?那我就答应你!"便一气之下连忙应了妈妈:"嗯!嗯!嗯!"妈妈一愣,更为肆无忌惮地哭闹起来,几乎抱着小波的腿躺倒在地上。母子喧闹的声音吸引了邻居的围观,小波又羞又急,用力抽出腿,撒腿跑向网吧,身后留下妈妈凄厉的哭叫:"爹呀!你是我爹呀……"

▲母性意识

从小波妈妈那失态的言行可见其心理发展停留在不成熟的水平,甚至是儿童的心理水平。她在生活中表现出情感的不成熟性,很容易被感情所驱使,出现失控的状态。

小波的妈妈只读过短暂的几年书,文化素质不高。她没有参加过工作,把希望完全寄托在孩子身上,希望孩子能够出人头地。她把孩子的好成绩当作自己成功的标准,甚至是向邻居炫耀的一种资本。

从前的小波因为学习成绩好,便一好百好,从而得到妈妈满意的笑脸。小波妈妈只管查看儿子的成绩单,却严重忽略了对孩子多方面品质的教育,甚至包容、放纵其在学习之外的种种错误。

小波学业的退步令她猝不及防,好似她某天高昂着头颅走在路上,突然脚底下一打滑,摔了个大跟斗,伤得还不轻,以致爬不起来了,让所有人围观,看了个笑话。往日从这个争气的儿子那儿得来的成就感丧失殆尽,而邻居们和她发生冲突时,也用刻薄的语言反唇相讥,就像还她从前的一笔旧账一样。

所有这些加深了小波妈妈消极的情绪体验,让她形成了消极的母性意识,也让她无法冷静地去看待本已在困难中的小波。当小波在成长中出现令人不快的变化时,妈妈随之产生的一反既往的态度,让小波始料未及也根本无法接受。

他已经习惯了在家庭中"天上天下唯我独尊"的被母亲溺爱的美妙滋味,但突然生活走向另一个极端,曾经的浓浓爱意欲辨已无踪。妈妈对他情感的变化不仅没有给他在学业困难面前提供支持,反而让他平添了一份被剥夺母爱的担忧和郁闷。

令小波不解的是,妈妈现在每天无聊地拿着爸爸辛苦挣的钱去打麻将,经常嗑着瓜子走东家串西家,玩到兴致高昂时,甚至不回家做饭,这样的妈妈有什么资格责备他好吃懒做?妈妈的行为让小波觉得自己没有错,爱好玩乐是每个人的天性,没什么好大惊小怪、好自责的!这样的家庭氛围,怎能不使孩子胸无大志,沉迷吃喝玩乐,学会懒惰散漫?

作为母亲,如果你经常放弃对自我应有的约束,成天吃喝玩乐而不知自律,又凭什么要求孩子不断进步呢?身教重于言传,父母自己的心态很容易通过无处不在的言行举止影响到孩子。小波的妈妈没有意识到,她漫不经心的话语和微不足道的生活习惯,都潜移默化地对孩子产生了永久而深刻的影响。

无论是以前长期对儿子的溺爱，还是随后的漠视和所谓的"恨铁不成钢"，小波妈妈表现出的是一种以自我为中心、自我为定向的低层次的母性意识。处于这一层次的母亲关注的是她自身的需要、兴趣与情感。这类母亲没有能力从孩子的角度出发来看待问题，并不真正在意孩子如何长大成人，自己会对孩子产生怎样的影响，更没有意识到自己怎样才能对孩子的发展实实在在地发挥身为人母的作用。

小波被送来基地时，妈妈没有同来。在小波来之前母子俩的关系已经很僵了，早已互相不理不睬。我在治疗中了解到过两天正好是小波的生日，于是给小波妈妈打电话，让她到时候打电话到基地来为儿子庆生，并叮嘱她不必多说别的，只要让孩子知道妈妈心里记挂着他的生日即可。

小波生日那天，他接了妈妈的电话，但是他对妈妈显得很冷漠。我观察到小波那天接完电话后，情绪不错，他只是刻意地不在妈妈面前表现出开心而已。生日当天晚上，基地给他举办了庆祝生日的活动，生日的热闹场景驱散了他初来乍到的孤独感，在接下来的治疗中他表现得更为配合。

患者在基地治疗期间恰逢生日时，基地都会为其举行生日庆祝活动。有时候一个小型的集体活动也会让患者有机会和其他人相识相知，拉近人与人之间的距离，拉近患者与基地的距离，使其更快找到归属感，为治疗带来积极良好的辅助效果。所以，我们不应轻易放弃任何促进治疗的线索和资源。

◤情感的转移

小波曾经像个手中握有特权的"小国王",那时他是家庭中的"当权派",所以比别人更了解特权的美妙。如今失去特权的他表现出对逝去时光的强烈怀念。在治疗中小波经常不知不觉地就谈论起美好快乐的过去,对未来却心存悲观。他不止一次地说:"我高中以前快乐,长大了却一点儿不快乐。"他希望权力能始终在自己的手中,表现出保守畏缩、不能与人坦诚合作的性格特征。

在基地,每个心理医生负责的患者都不止一个,但小波对此似乎较难接受。他对"特权"的需要在治疗中呈现出来,并强烈希望得到满足。他认为自己在几个患者中应该是以超然的品质脱颖而出,我理所当然应对他更为关注。有一次我正在对别的患者进行治疗,他敲了两次门,在第二次门响时,我对他说:"对不起,你的治疗时间安排在下午。"当天下午治疗时,他表现得情绪低落,在与我的对话中显得比前几回被动,显然他是因为觉得没有被特殊安排而对我感到失望。我便直接针对他当时表现出的不良情绪进行探讨,引导他慢慢地辨析自我、发现自我。

由于学习成绩下跌,小波失去了母亲的重视和关怀。为了引起母亲的重新注意,他刻意表现出一些让母亲无法忽视的恶行劣迹,惹出诸多麻烦,可结果却更使母亲不胜其烦,直至心灰意冷。

小波开始尝到不被疼爱的滋味,但他不甘心就这样失去恩宠的地位,便把从前对于母亲的情感转移到父亲身上,开始着力获得父亲的注意和情感投入。在这之前，小波父亲似乎很难也没有多余的时间和精力关心这对感情良好的母子。小波的主动让父亲很高兴自己有机会和儿子拉近感情，却忽略了不容乐观的现实状况。

在小波沉迷网络后，父亲反省了自己在儿子教育上的疏忽，为自己没有尽心尽力而深刻自责。令人不禁感叹和惋惜的是，反思的结果是他开始变本加厉地溺爱小波。他和小波的母亲就像在进行一场接力赛，他从妻子手中义无反顾地接过了"溺爱"的接力棒；也像是在进行一场竞赛，因为他对小波的溺爱相对小波母亲来说是有过之而无不及。

小波的母亲和小波争吵不断，小波的父亲却忍气吞声地对小波妥协让步，而且想方设法来帮助儿子。第一次见小波的父亲时，他便有些得意地对我说："现在儿子只听我的。"然后说了一堆诸如妻子素质低、思维简单之类的话语。

小波的父亲表面上不敢和妻子有丝毫冲撞，心里却已沉积了多年的怨气，只是他自己都没有意识到而已。他无条件地溺爱儿子，实际在某种程度上，是在刻意加深小波对自己的依赖，而且他也知道儿子一直是妻子最疼爱的掌中宝，可这宝贝现在跑到自己的手里来了，这对于妻子也是一种惩罚。

所以每次当儿子和妻子吵得不可开交时，看着妻子万分痛苦，他从来不会指责儿子。甚至有时儿子和妻子怄气还顺带把气一股脑儿撒在他身上时，他不仅不恼火，而且安慰儿子说："你妈就这样，你看，她得罪你了，我又没得罪你，所以你别不理我。她不给你钱，我给你钱。"

如此,小波当然会说:"小时候,我和妈妈好,长大了我和爸爸好。"

▲ 从依赖到控制

当小波上高二时,他对爸爸说他不想上学了,之后他辍学了两个月。刚开始,爸爸介绍他去一个熟人那儿上班,只干了3天,小波就不想干了,嫌工资太少,而且工作本身也没什么意思。他一心只想从事"高级且体面"的工作。小波既不去上学,也不想去做力所能及的工作,小波爸爸却对此深表理解,毫无责怪之意。

过一段时间后,小波的爸爸让儿子继续上学。小波像是看在爸爸疼爱他的面子上勉强答应了,但要求装宽带作为交换条件。爸爸满口答应,心想:"不管怎么样,儿子还是听我的。"

可返校后,小波实在无法继续坚持学业,天天逃课去网吧。爸爸便考虑:既然小波实在不想读书了,那去学校打通关系,帮小波弄张高中毕业证回来得了。

辍学后,小波不是在网吧里玩游戏,就是天天和朋友出去喝酒吃饭——那些朋友都是已经辍学的小混混。妈妈不给小波零花钱出去消费,爸爸却反其道而行之,就像发工资似的每个月给小波1000元的零花钱。有一次,小波把钱花光了,又问爸爸要钱。小波爸爸起初没答应再给钱,小波便以离家出走威胁爸爸,爸爸只好继续额外"发薪"。有一次小波要上外地看网友,爸爸好像生怕儿子此去不复回似的,二话没说给他买了手机,以便联络,并给他5000元外出零花。

这次来基地治疗,小波并不想来,但也不是受强迫来到此地,而是因为和爸爸和和气气地达成了君子协定。"儿子,只要你来治疗,回家以后,我给你3000元。"——这就是爸爸的承诺。

他经常对儿子说:"反正我这钱挣下来了,将来也是你的,早花晚花都是给你花。"这实际是他帮自己和儿子种种不妥行为找的借口。

小波的姐姐有些看不惯,对爸爸说:"你这样会把他惯坏的。"爸爸用他一贯对女儿的严厉口气,不满地回应说:"你一个女孩子家的,懂什么!"

小波告诉爸爸,他不上学是因为学校老师对他不好,而且经常打骂学生。其实这只是小波不想上学的借口,虽然的确发生过师生冲突,但小波言过其实,而且会巧妙地掩饰自己的过错,如不遵守校纪、上课故意捣乱等。

当娇生惯养的孩子进校读书时,不可能指望所有老师和同学像父母一样对待自己。这种落差本身对于小波来说就是一个不小的挫折。他不善于处理挫折,因此失去前进的信心,进而产生不安和孤独感,出现反抗性和攻击性的行为,有时也会有心理退化的表现。

小波在成绩优异时总被人高看几分,鲜少体会到这种人际交往的不畅,但成绩差还调皮捣乱,他在学校的待遇就产生了质的变化。小波爸爸完全相信自己的儿子所说的一切，甚至无所顾忌地问责学校。

有些家长在当孩子出现问题之后，往往只是一味感叹孩子没遇到良师，甚至指责学校误人子弟；有些家长则完全相信老师的说法，和老师联盟，布下天罗地网将孩子牢牢罩住。这两种做法均有失偏颇，表现极端，没有冷静妥善地去处理问题，没有对孩子进行有利的引导。

换个角度看，对校方求全责备的小波父亲也是在推卸自己肩上家庭教育的责任，为自己的失职开脱。在孩子的成长过程中，他一直忙于挣钱养家，忙于为整个家庭提供更优越的物质条件，却忽略了从精神上关心孩子。此前，他甚至很少与教师沟通、不参加教育活动、不配合家校联动，而一旦孩子出现问题，便将责任全推给教师与学校，好像这样便能脱得了与自身的干系。

回顾我们在诸多个案中所讨论的形形色色的父亲，我们会发现不管是在社会上有头有脸、成就斐然的，是在社会底层艰难讨生活的，还是在平凡工作岗位上兢兢业业的，他们充当的都是养家糊口的角色，只是他们的家庭经济水平有区别。

姑且不论家庭财富的多寡给孩子造成的影响，在此我想指出的是，父亲角色"淡出"家庭教育的客观现实会导致父亲在孩子人格的成长教育中难以发挥应有的作用。因此，有意识地扭转、强化家庭教育里的父亲角色也是一个势在必行的课题。

对于小波辍学以及在校违反校纪一事，小波父亲没有一丝的责备,而且以一副坚强后盾的姿态出现在儿子面前,任劳任怨地时刻准备着为儿子收拾残局。在父亲的过度纵容下,孩子不正当的欲求经常不受压抑地表现出来,致使孩子处于幼稚的自我中心状态,不体贴人,不服从权威。

小波的行为在父亲的百依百顺下越来越放肆,父亲作为一家之主失去了引导和教育的作用。虽然小波母亲对丈夫的教养方式极为不满,但除了责骂丈夫和儿子外也显得无可奈何。

小波母亲心中充满忧愤又无处发泄,更多的时候只能失去理智地去发泄不满。她除了破口大骂还是破口大骂,她越不让小波上网小波越要上,何况小波现在还有父亲替他撑腰。

小波的父亲虽然从不和妻子正面冲突,任由妻子冲自己乱发脾气,但他非常固执,自己想做的事情绝不会听从妻子的。

溺爱和放任孩子的父母,往往不能完全控制孩子。小波像把准了父亲的脉,由依赖父亲变成了可以控制父亲,时常以"爱"为武器伸手向父亲要钱要物要享受要自由。至于父亲,他对儿子的这种"爱"也很难说是一片纯净,或多或少是为了满足自己某些方面的需要。

小波父母的情况不禁令人深思。小波的母亲对于自己的角色处于无知无觉的状态。她竭尽全力也不能改变自己的无力感和渺小感,以及对生活的强烈失望。小波的父亲从 7 岁就承受丧母之痛,在后母的刻薄虐待下,一路完全靠自己艰辛地走过来,从穷苦的农村走到今天这并不圆满的生活状态。他的眼角眉梢总是流露出对自己苦难人生的厌倦之情。有时候他表现出对家庭的无比珍视和需要，以及尽一切努力养家糊口的决心；有时候却表现出异常的超脱，好像随时都有可能逃离这个让他心力交瘁、负担沉重的家。

小波的父亲对于妻子的忍耐和包容实际上是一种深层次的冷漠，经常让妻子有一拳打在棉花上的感觉。当暴跳如雷的妻子看见无动于衷、事不关己的丈夫，不由血往上涌，丈夫因此招致妻子更多无缘无故的挑衅，像在刻意激怒眼前这个可怜兮兮、没有安全感的女人。此外，即使需要供养全家人，小波的父亲其实也不需要做那么多份兼职工作，他只是想让工作占据自己更多的时间。

小波父母之间的夫妻情义淡泊，两人都不知道自己的生命在寻觅怎样的彼岸，只是为了结婚而结婚，为了生子而生子。生活的无意义感在遭遇挫折和无奈时，显得更为清晰和深刻。

▲虚无

小波的家在一个县城，但这个县城不同于一般的县城，因为得益于某种特产，当地的人都发达了，产生了不少脑中空空、腰包鼓鼓的暴发户。当地的人都将羡慕的眼神投向了这些暴富者。小波的朋友中，有不少便是这些土财主家的阔少们。

小波的父亲是从农村读书考学出来的人，虽然他兼职做好几份工作，可挣的那点儿钱根本无法和小波朋友们的阔爸爸相提并论，小波不由得产生了"读书无用"的思想。在朋友们的影响下，他对物质崇拜的热度不断上升，经常渴望遇上发财捷径，做着"一夜暴富"的美梦，而对于脚踏实地的辛苦耕耘则毫无兴趣。

其实不仅是像小波这样认为读书无用的孩子有发财梦，有些刻苦求学的学生同样也梦想通过读书这个途径成为"大款""大腕"。青少年的拜金主义如此严重，源于以利益为导向的市场经济对人的贪婪私欲的诱发。

小波这样不谙世事的青少年本就容易受到环境影响，更是难逃物欲的俘获，使原本萎缩的求知欲几近枯萎。他们干脆逃课辍学，混迹于社会，做着不劳而获的发财梦。

虽然说每个人都有选择自己生命价值的权利，但当"物欲"和"享乐"像猛虎咄咄逼人地侵入个人生存空间时，有多少人又有多大的能量能抵御"本真自我"的失落和空洞化呢？当人们在纸醉金迷、灯红酒绿的生活中迷失了方向，从欲望关系上去理解人生的意义，虽然他们身体上获得了愉悦的享受，充满了一掷千金的自信，看似生活充实幸福，可有不少人思想上已经陷于困境，被抛入一种毫无意义、缺少价值、虚假自由、丧失责任心的虚无之中。

这种虚无像一头怪兽，时时窥探着人们，随时会张开大口去吞噬他们。

小波和他如今的朋友们有一本质区别：小波从前成绩优秀，在学校过得有滋有味，但随着成绩下降，在学校的荣誉感日渐减弱，脸上便越来越挂不住；而朋友们向来学习不佳，早已辍学。这些朋友总是邀请小波出去玩乐，他也无法自控地越陷越深。起初小波像一只放飞的小鸟，内心充满了自由飞翔的愉悦。可是后来，他发现目前拥有的"自由生活"并不如从前想象中的那么美妙。

当玩乐的新鲜感一点点褪色，当"自己是个聪明孩子"的价值感离他越来越远，这种无所事事四处游荡的状态，使他觉得厌烦、无聊，甚至恐惧。

如果可以，他想永远沉迷在这一场逃避现实的美梦中，可现实经常冷不丁闯进来，偶尔抓住他的喉咙，让他浑身不适。这时，他只能从梦中睁开眼睛，看到自己已经背离从前，走得太远了，不由得充满了永远也无力再回到从前的失望和孤寂。起初促使他逃避自我的主体焦虑感变得越想逃越清晰，而绵延不绝的空虚和庸碌使他更为焦虑和疲惫。

小波的挫折感来自价值准则和行为之间的冲突以及短期目标与长期目标的不一致。我在治疗室里看见他的形象是：精神颓废、无所适从、缺乏生活的目的和意义。

西方有句谚语："通向地狱的道路也是用善良的愿望铺成的。"

家长们常常认为自己的出发点是好的，但结果却可能适得其反。小波的父亲对我一再强调说他深爱着自己的孩子，但他任由幼稚的小波深陷无聊和空虚的生活漩涡之中，对儿子充满困惑的、病态的精神状态表现出有些漠然的态度。也许生命对于小波父亲而言，本身就充满了痛苦的虚无以及精神的麻木。

心理治疗专家卢卡斯曾说："年轻人的自由呼声和他们对自由的错误认识一样响亮。"

之所以出现这样的结果，是因为他们混淆了自由和放纵的界限，没有把自由和责任联系起来。自由并不等同于为所欲为，而是要主动积极地完成自己的人生使命。

许多人，尤其是年轻人，都希望自己对生命有真挚、深刻的体验。只有发自内心地渴望一段富有意义的生命旅程，才能最终找到内心的自由之路。当思想仍不成熟的青少年糊里糊涂地，为了那肤浅而虚假的"自由"而把自己逼入生活窘境时，其脆弱的内心将益发支离破碎。

沮丧

在治疗过程中我慢慢发现小波最初沉迷网络游戏是因为爱上了游戏本身，但辍学后频频出入网吧却是因为实在无聊至极，情绪极度沮丧和厌倦。

在希望渺茫、没有意义或者充满孤独忧伤的生活中，我们经常能看见沮丧和厌倦对人的包围，而用来逃避沮丧和厌倦的方式往往是一些带有强迫性的重复行为，如失控购物、过分贪食、性行为成瘾、酒精成瘾、网络成瘾等——人们通过这种贪婪过度的象征性行为，来填补内在的空虚和空洞的灵魂。这种病理现象反映出个体人格的不成熟。贪婪以一种病态的激情让沉溺者逃离自我，感受到生存的意义和暂时的欢乐。但是，与其说那些强迫行为可以消除沮丧感，不如说巨大的贪欲像一股不可遏制的狂流，带着强烈的破坏性，破坏着沉溺者自己以及他人的生活。

小波用来弥补沮丧和厌倦的方法之一是与朋友胡吃海喝，不过他向父亲要来的钱除了用来买"醉"，还用来买"情"和"性"。他在网络中的最大快乐就是没完没了地"泡妞"。网恋至少可以让他感受到自己的存在，让他觉得自己还可以在网上对不少人产生影响。

小波热衷于通过社交平台以及《劲舞团》等网络游戏交友。如果三言两语后能找到感觉，就开始网恋，在网上用"老公""老婆"称呼对方。在网络这个庞大的平台上，有很多饥饿的男男女女在等待着一份份情感快餐。很多人都渴望通过网络满足内心的空虚，享受鼠标制造的"恩爱"和键盘灌溉的"幸福"！

小波在网上经常同时拥有好几个女朋友和步入"虚拟婚姻"的"老婆"。为了让虚拟变得更现实，小波在网上购买了"经典版结婚证"，在无聊至极时，还买了"超级帅哥证"。起初小波也仅限于此，没有更多的越轨行动，但在朋友们的教唆下，他开始和网友见面，将自己年轻而冲动的激情投入一夜情，和一拍即合的女网友发生性关系。

不知道如果在这情窦初开的年纪便已经习惯了一夜情，未来他将如何真心投入到现实中的美好爱情？他将来的爱情该何去何从？长此以往是否会形成畸形、变态的爱情观念——对爱不负责任、寻求刺激、游戏爱情、蹂躏情感？所幸小波还没有完全形成这个恶习，一切还来得及！

网络上很多游戏允许玩家自由选择情人，结婚、离婚也十分随意。完备的婚礼项目包含了所有的要素，却唯独缺乏意义重大的责任，传统的家庭观、道德观、婚姻观在网络中受到强烈冲击。

或许结婚并不能最终证明爱情，也不能代表从此可以幸福快乐地度过余生，但那一纸证明远远要比我们想象的重要！而且即使只是谈恋爱，也有责任，不负责任的恋爱只是逢场作戏。两个人如果爱到想对彼此负责的时候，便成就了婚姻。

青少年对异性的情感尚处于纯洁而朦胧的阶段。他们有许多困扰，迫切需要有人为他们指点迷津。网络这本教科书便把良莠不齐的信息大量地投向一知半解的青少年，在网络中形同儿戏的婚恋观无疑让爱情的圣洁和令人动心的情愫堕落成了失去美妙过程的浅薄游戏。

当虚拟和现实变得真假莫辨时，丧失了对情感的基本尊重的青少年有可能把爱情当成一场你情我愿两不相欠的玩笑，虚情假意地撒下苟且的弥天大谎，玩弄情感于股掌之间，游戏爱情，游戏人生，只图一时享乐而逃避永久的责任。

但现实中，真正的爱情往往需要的是持之以恒的决心，这种决心也是婚姻的根本。婚姻是一段建立在情投意合基础之上、要求高度合作的关系。它有它的规则和律法。如果现实婚恋也像在虚拟婚恋中那样，一不开心，就可像删除聊天记录那样简单地舍弃，那我们的生活有可能真的会乱了套，陷入无尽的混乱。

所以，理性的爱情教育很有必要。其目的不是去鼓动孩子们谈情说爱，而是用人性的态度告知他们爱情的美妙和自然，爱护他们青春的觉醒、爱情的萌动，使他们真正懂得爱、懂得美，这样无论将来他们体会的是爱的甜蜜醉人还是痛彻心扉，都是真情的涌动，都是完整的人生。

🔷感恩

就像前面所提到的，小波在治疗中曾经一度非常希望能够被特殊对待，但我不可能迎合他的需要。他起初只在心里默默地抱怨，并没有用言语表达出来，但我鼓励他把抱怨直接说出来，并和他一起关注他的不良情绪，然后探讨这不良情绪的背后到底有怎样的经历。探讨过程中，他不禁联想起了往日生活情境中类似的一些不快体验。与现实生活中不同的是，在治疗情境中，我会始终对他保持温和与支持的姿态，理解和接纳他所有不适宜的行为表现和情绪反应。

小波在团体中最初的表现，也是源于他对成为团体中心和重点的极度渴望。因此对于团体中表现优秀和主动的其他患者，他总是心里酸溜溜的，带有强烈的敌意，表面上显得保守和回避，但一开口便带有明显的攻击意味。

几年的学业挫折让他的内心非常自卑，所以在团体中深深压抑着自己的强烈表现欲，而这更激起了他对大胆表现自我的患者的不可名状的愤怒。他在团体中显得格格不入，以一种自动疏离的姿态来故作高明，这也比较容易激起整个群体对他的反感。

他说："我看不惯别人这样好表现自己，我在学校也是最看不惯这样的人，好像什么事就他懂！"其实，他认为这些善于表现自我的家伙，抢了他在众人眼中好孩子的头衔，占据了他受宠的地位。可想而知，对他人的排挤和敌意心理也导致后来他在学校的人际交往不畅。对此，我也设置了相应的治疗环节，帮助他定位这些在过去关系中没有关注过的东西，帮助他了解他的言行引起的其他人的感受。

由于小波从小过于被奉为上宾，致使他过度关注自我，只注意到"我"过去和现在的痛苦，对自己不负责，对事不关心，对人不感恩。当我问他曾经为父母做过什么，已经成年的他思考许久居然想不出一件事情，而父母为他做的事情却是不胜枚举，这不能不说是一种悲哀。

现在不少孩子没有感激之心，在家中，只知无止境地索取，不知奉献，尤其认为父母的一切关爱都是理所当然，是取之不竭的涌泉，可供其任意挥霍；在学校则表现得冷漠自私，不尊重老师，在和同学间的关系中也是以自我为中心。

中国自古就有"感恩"的悠久传统。在《诗经》里有"投桃报李"之说，"谁言寸草心，报得三春晖"打动了多少赤子之心，"滴水之恩，涌泉相报"的谚语更是在民间一代代地传承。

做子女应该学会感激父母，把点点滴滴的爱意和恩情仔细收藏起来。懂得感恩才更能感知到自己的幸福。尽量忘记那些阴暗、痛苦、消极的东西，专注于自己曾经受到过的关爱和恩惠，牢记想感谢的人或事情，让感激之情像鲜花开放在心中，化作一团照亮自己的生命之火。

对于小波，开发感恩之心是重要的一环，这有助于他恢复理性和爱的能力。当小波的心灵有所触动后，再帮助他找回那个被他抛弃且已经迷失的自我，让他不仅要关注曾经受打击的自我，而且要关注那个能在连续不断的挫折中寻求生命意义的自我，最终依靠自己去面对生活，克服贪婪和依赖的心理，重新找到他应投身的事情、应建立的关系和应实现的价值。

在著名精神病学家弗兰克尔的意义分析中曾提到：生命是有意义的，我们不懈地去寻求生命的意义，这就是活着的主要动机；而且，生命的意义使我们在面对痛苦、混乱、沮丧及无法避免的死亡时，仍然能找到自身存在的理由，从而使我们更可能地在价值衰落的年代，避免感受到"存在的虚空"。

快乐的现实与苦难的现实都是完整人生的组成部分，只有通过对生活意义的乐观肯定才能真正诠释这种完整，而不是通过泪水、逃避、沮丧。

弗兰克尔所提出的"悲剧乐观主义"是更深层次的乐观主义，是用一种洞若观火、貌似悲观的心情过乐观的生活。它强调生活中最终萌生的是意义，而不是虚无；最终胜利的是爱，而不是死亡。

小波出院时，父母都来接他。我和他妈妈的交流非常困难，由于她的口音过重，我不太能听懂她说的话，只是从她愤愤不平的表情中了解到她可能在对小波进行控诉。小波的爸爸告诉我，他来之前就已经帮小波联系了当地省会的一个民办高校，但那时小波不愿意去，这次出院时小波表态说想去，出院以后就直接去那所高校就读。

送小波出院门口时,我问他:"如果我没记错,这会儿你爸爸应该还欠你3000块钱吧!"小波调皮地说:"嘿嘿,那……转为我在学校上学的生活费吧。"

个案启示:孩子病了,就是整个家庭病了

孩子的行为问题不仅仅属于他个人,而是属于他所处的整个家庭系统。当一个家庭系统出现功能障碍的时候,孩子就会出现行为问题,而且往往是因为孩子在有意无意中试图解决家庭系统的问题。

比如网瘾导致的辍学,就症状而言,一方面,孩子沉迷网络,反映了他所在的家庭系统出现了问题,另一方面,孩子的症状也维持了他家庭系统中的某种平衡,也就是说,孩子不上学是维持家庭系统平衡的一种策略,他的家庭因此拥有表面的平静,因为所有人的关注点都聚集到了孩子的问题上。

很多时候,当治疗结束后,开始恢复心理健康的孩子回到家里,本来还算平和的父母关系会爆发出问题,或者孩子的变化让父母觉得不舒服,孩子的问题因为家庭系统中未解决的问题而复发。有功能障碍的家庭往往把出现行为问题的孩子当成生活中最重要的部分,全家人都为孩子付出。孩子在这种环境下实际上已成为家长权力争夺的工具、推卸责任的借口、发泄不满的出口。孩子一旦健康起来就会失去这些功能,家庭成员的自私无理和蛮横恶毒便会无情地袒露出来。

孩子病了，就是整个家庭都病了。孩子在家庭系统中处于地势低洼的地方，家里的脏水都流向并积蓄在他的位置。

在功能失调的家庭中，孩子容易出现上瘾现象，如烟瘾、酒瘾、毒瘾、网瘾、游戏瘾、贪食症、购物瘾等，就好比一个人如果身体虚弱，就很容易感冒。所有的瘾癖都反映出相同的心理问题——不安全感和空虚感。一方面，患者由于缺乏安全感，内心失去平衡，不敢或者不懂审视内在，于是向外寻找安慰，并沉迷其中，也不管这种感受和方式对生活是否有破坏作用；另一方面，患者由于急于填满内心的空虚，于是盲目用对外物的占有和强迫性的重复行为让自己安定下来。

小波的整个家庭系统表现出功能障碍，一家人都有上瘾症状。他们没有自我控制的能力，没有认真承担起自己的角色功能，甚至没有对生活的追求。小波对网络上瘾，作为青少年，年轻却没有活力；小波的母亲对麻将上瘾，情绪不稳，歇斯底里，母性意识薄弱；小波的父亲对挣钱上瘾，拼命工作，逃避生活，有隐藏的抑郁症状。小波因于这样的家庭生活里，在网络中忘我是他为自己寻求的出路。

当小波的成长出现问题、网瘾发作时，小波的父母得以暂时回避不快乐的夫妻关系，淡化自己对无聊生活的艰难忍受，转移自己因为缺乏生活目标而产生的茫然。

父爱缺失是网瘾预测的一个重要因子。小波的父亲在早期并未与孩子建立起亲密的关系，在孩子与母亲关系恶化时，"乘虚而入"，讨好般地宠溺孩子。显然，孩子在此时成了家庭权力争夺的武器和收买的对象，这是家庭内部关系的一种很糟糕的状态。此外，小波的父亲还想和儿子形成朋友关系，但在正常的家庭环境中，男孩其实并不需要父母做他们的亲密朋友，而是需要父母有足够的勇气为他们制定规则。当男孩步入青春期时，他们需要有严格的规则来将他们旺盛的精力凝聚成勇气和对生活的创造力，让他们能够直面成长，把生命的能量放在正轨上，循轨而行，而不是放任他们在网络的虚拟空间中肆意地挥霍青春的能量。

毫不夸张地说，所有成瘾行为的复发，都是治愈过程中的一个环节。要想减少孩子成瘾行为的复发次数，关键在于调节家庭环境内部的压力。康复阶段是一个不间断的过程，在这个过程中，一家人需要打破家庭系统中原有的不健康的循环，每一个人都需要诚心诚意地接纳改变，敞开心扉，让自己成长，所有人都需要团结一心，怀有共同走向美好人生的积极愿望。

父母能为小孩做的最好的事就是——拥有自己的生活，把伴侣放在主要的位置，在孩子之外有自己的兴趣。

成长环境

- 家庭不健康的生活方式，空洞的人生观，不一致的价值观；
- 母亲低层次的母性意识，只关注自身的需要、兴趣和情感；
- 父母对儿子的过度偏爱；
- 拜金主义的生活氛围。